量子行走
在复杂网络中的应用

闫 飞 梁 文 董芳艳 著

科学出版社

北 京

内 容 简 介

本书是针对量子计算和网络科学交叉领域研究的专著。本书结合作者的部分研究成果，旨在介绍量子行走算法在复杂网络结构挖掘和表示学习中的应用，主要内容有：量子计算和量子行走的基础理论，低维量子行走的泛化定义和性质，离散时间量子行走和连续时间量子行走在网络节点、网络链路以及网络子图挖掘中的应用，量子行走在网络表示学习和图神经网络中的应用。

本书内容新颖、专业性强，可供从事复杂网络和量子计算领域的科研工作者、研究生及教学人员参考。

图书在版编目（CIP）数据

量子行走在复杂网络中的应用/闫飞，梁文，董芳艳著. —北京：科学出版社，2023.5

ISBN 978-7-03-073683-3

Ⅰ. ①量… Ⅱ. ①闫…②梁…③董… Ⅲ. ①量子力学②算法理论 Ⅳ. ①O413.1②TP301.6

中国版本图书馆 CIP 数据核字（2022）第 203655 号

责任编辑：杨慎欣　狄源硕／责任校对：邹慧卿
责任印制：吴兆东／封面设计：无极书装

科学出版社 出版
北京东黄城根北街 16 号
邮政编码：100717
http://www.sciencep.com
保定市中画美凯印刷有限公司印刷
科学出版社发行　各地新华书店经销
*
2023 年 5 月第 一 版　开本：720×1000　1/16
2024 年 1 月第二次印刷　印张：11
字数：222 000

定价：99.00 元
（如有印装质量问题，我社负责调换）

前　　言

　　"十四五"规划指出要瞄准量子信息等前沿领域，实施一批具有前瞻性、战略性的国家重大科技项目。由此，量子计算的应用和研究被推向新高度。借助媒体的力量，量子机器学习、量子人工智能、量子计算机等词汇频频映入大众眼帘。作为量子信息中通用计算模型的关键技术，量子行走更是得到了研究者的广泛关注，国际上不断出现关于量子行走的前沿成果的报道，其在信息安全和空间搜索领域深得研究者青睐。

　　简单而言，量子行走研究的是粒子在由节点和链路构成的图上的运动。量子行走自经典随机行走的马尔可夫过程扩展而来，虽然二者的粒子（行走者）均是严格依赖网络中的链路关系而运动并能通过测量概率有效捕捉网络的结构特征，但二者的性质和表现不尽相同。一方面，量子行走的叠加特性为粒子在图上的运动赋予"分身术"，使其具有加速特点；另一方面，量子行走测量过程发生的坍缩令测量结果产生震荡。由此，从量子行走震荡的测量结果中挖掘复杂网络的关键节点、关键链路及社团结构成为一项具有挑战性且富有魅力的课题。特别是利用量子行走表征网络中的微观个体，如节点和链路，将量子行走的应用进一步推广至网络同构、网络分类和节点嵌入等研究领域，极大展现了量子行走在复杂网络方面的应用价值。

　　量子行走在复杂网络中的应用研究不仅扩充了量子算法的应用前景，还为非量子的复杂网络结构挖掘方法提供了新的设计思路。本书融合作者的部分研究成果和领域内的代表性工作，旨在为读者呈现量子行走在复杂网络上的研究动态。全书共6章。第1章主要介绍量子计算理论基础，讨论量子算法同非量子算法间的联系，并概述低维量子行走的应用。第2章介绍规则图上量子行走的表现和性质，并基于此探讨复杂网络上量子行走算法的设计思路。第3章介绍基于量子行走挖掘网络关键节点的工作。第4章为量子行走在复杂网络关键链路识别和链路预测中的应用。第 5 章为量子行走在网络社团发现中的应用。第 6 章介绍量子行走在网络表示学习和图神经网络上的应用，并探讨量子行走在此类研究上的未来发展方向。

　　本书得到吉林省科技发展计划项目（编号：20210201075GX）的资助，在此表示衷心的感谢。本书的完成还要感谢作者的家人和朋友给予的支持和帮助。

　　限于水平，书中难免存在不妥之处，恳请读者批评指正。

作　者

2022 年秋

目　　录

第1章 量子计算和量子行走

春秋末期战国初期，先人墨子在《墨经》中定义了何为力——力，形之所以奋也，揭示了力是使物体运动的原因。人类对力学坚持不懈地探索，直到19世纪才将宏观世界的力学研究视角转向了微观世界。20世纪初期，研究微观粒子运动规律的物理学分支——量子力学创立了。量子力学的诞生使人类对微观世界乃至宇宙产生了新的思索。1981年，美国阿拉贡国家实验室基于量子力学理论提出量子计算，为量子力学赋予了具有信息时代特色的新生命。摩尔定律（Moore's law）指出：每18个月，集成电路上可以容纳的晶体管数目将会翻倍。实际上，物理元件不能无限缩小，摩尔定律必然有终结的一天。致力于量子计算和量子计算机的研发在顺应未来科技发展的趋势中存在必然性。目前，量子计算呈现出"双轨并行"的发展模式，一方面量子计算机处于百家争鸣的研发之中，超导量子、离子阱、金刚石色心、核磁共振、D-Wave退火机以及线性光学已成为量子计算机研发的主流材料和技术；另一方面，用以在量子计算机上运行的量子算法百花齐放，竞相登场。1994年，Shor[1]提出以自己名字命名的质因数分解量子算法——Shor算法，因该算法仅为多项式时间复杂度，对依赖大质数乘积难分解特点的现代密码学的安全性提出严峻挑战，同时也为量子计算和量子算法的设计提供了强大的研究动力。1996年，Grover[2]提出量子版本的数据库搜索算法，相比经典算法实现了平方根加速，并总结出振幅放大这一量子算法设计的重要技巧，促进了量子行走算法在标记点搜索问题上的研究。2009年，HHL（Harrow，Hassidim，Lloyd）量子算法在求解线性方程组问题中以节省指数级时间开销而闻名[3]，大力推动了量子机器学习的发展[4-6]。

近年来量子计算在诸多领域布局，人们对其未来应用展开了一系列开创性的探索。例如，富士通集团采用量子启发退火算法协助日本邮船株式会社优化复杂的运输船只配载规划问题，拟提高调度效率。该项目在 2021 年 9 月首次投入使用，日本邮船株式会社预计，采用量子启发退火算法后年度船只配载时间将节省约 4000 小时[7]。北京字节跳动科技有限公司于 2022 年公开了关于量子计算在化学小分子特性仿真方面的理论成果，该成果将在工业化学领域起到积极的促进作用[8]。合肥本源量子计算科技有限责任公司联合中国建设银行推出了量子期权定价应用与量子 VaR 值计算算法，其运行速度与准确率均优于国际同类算法[9]。以量子 VaR 值计算为代表的量子金融应用将吸引大量资本涌入量子计算，并优先在生物、医药以及教育等领域快速布局，这将为量子计算的研发和应用注入新活力。

不仅如此，国际知名企业谷歌和 IBM 等致力于研发量子计算机，并通过社交媒体渲染"量子霸权"（quantum supremacy）概念（实为量子优越性），加剧了量子计算研发的紧迫感；国内以百度、阿里巴巴、腾讯和华为为代表的企业争先布局量子计算以挖掘其巨大应用潜力。此外，以潘建伟院士等为代表的团队近年来在量子行走[10]和超长距离量子密钥分发[11]领域捷报频传。特别是"十四五"规划中，量子信息被列为具有战略性、前瞻性的前沿领域之一，使量子计算的概念被大众所熟知。未来，量子计算将在军事、化学、生物、信息安全、金融等众多领域发挥重要作用[5,12-13]。

本章涵盖了量子计算所涉及的基本概念及常用运算，是后续量子行走在复杂网络中应用的研究基础。

1.1　量子计算基本概念

本节内容包括：狄拉克符号和量子比特、常见的运算和算符、量子线路基本概念以及量子力学的基本假设。

1.1.1　狄拉克符号和量子比特

狄拉克符号（Dirac notation）是量子力学中对向量特有的表达，例如，向量 u

对应的狄拉克符号为

$$|u\rangle = \left(a_1,\cdots,a_n\right)^{\mathrm{T}} \tag{1-1}$$

$$\langle u| = \left(a_1^*,\cdots,a_n^*\right) \tag{1-2}$$

式中，T 为转置符号；$\langle u|$ 为 $|u\rangle$ 的共轭转置（conjugate transpose）；a_1^* 为元素 a_1 的共轭值，仅在其包含虚数（imaginary number）时生效。在实际运算中，$|u\rangle$ 的计算可能更为简单，它与网络表示学习的浅层嵌入（shallow embedding）或图神经网络中的 one-hot 编码方式相似。当 $|u\rangle$ 中仅有一个元素为 1 而其余元素均为 0 时，称之为标准正交基（orthogonal basis）或计算基（computational basis），本书统称为标准基。假设在具有 n 个节点的复杂网络中，任意节点均采用标准基的形式表达，则有

$$|1\rangle = \begin{pmatrix} 1 \\ 0 \\ \vdots \\ 0 \end{pmatrix}, \quad |2\rangle = \begin{pmatrix} 0 \\ 1 \\ \vdots \\ 0 \end{pmatrix}, \quad \cdots, \quad |n\rangle = \begin{pmatrix} 0 \\ 0 \\ \vdots \\ 1 \end{pmatrix} \tag{1-3}$$

在本书中，网络节点对应的标准基和量子行走中的硬币态均采用如公式（1-3）的形式表达。

量子比特（qubit）是量子计算中最小的信息单位，在表达形式上它是单位向量的线性组合，也称量子位。任意量子比特均采用狄拉克符号表示，设 $|0\rangle = (1,0)^{\mathrm{T}}$，$|1\rangle = (0,1)^{\mathrm{T}}$，一个由 $|0\rangle$ 和 $|1\rangle$ 量子比特构成的量子态（state）可以定义为

$$|\psi\rangle = \alpha|0\rangle + \beta|1\rangle = \alpha\begin{pmatrix} 1 \\ 0 \end{pmatrix} + \beta\begin{pmatrix} 0 \\ 1 \end{pmatrix} \tag{1-4}$$

式中，α 和 β 表示概率振幅（probability amplitude），一般采用复数表示。对于经典比特，0 和 1 可以代表具有对立关系的信息，如真和假。而在量子比特中，$|0\rangle$ 和 $|1\rangle$ 本身便是"矛盾对立统一体"，因为二者均既包含 0 又包含 1。量子比特这种

"你中有我、我中有你"的编码方式所包含的信息更为丰富，也是量子比特具备潜在并行特性的主要原因。以量子（衍生）群体智能算法为例[14]，基于$|0\rangle$和$|1\rangle$形式对初始种群的双链编码方式可以避免种群在搜索过程中陷入局部最优。在本书介绍的量子行走中，$|0\rangle$和$|1\rangle$分别代表抛硬币后得到的正面向上或向下的硬币态；在其他量子算法中，$|0\rangle$和$|1\rangle$可以区分目标数据和非目标数据；而在量子线路中，$|0\rangle$和$|1\rangle$可以作为控制位影响算符的计算，输出期望的结果。公式（1-4）中，向量$|0\rangle$和$|1\rangle$的线性组合被称为叠加（superposition）态。当$\alpha = \beta = 1/\sqrt{2}$时，称$|\psi\rangle$处于均等叠加态。在封闭量子系统（isolated quantum system）中，如下条件是恒成立的：

$$|\alpha|^2 + |\beta|^2 = 1 \qquad (1\text{-}5)$$

式中，$|\cdot|^2$表示针对复数的模平方运算。

公式（1-4）更为泛化的表达是将该量子态置于 Bloch 球内，引入角度θ和相位参数φ，如$|\psi\rangle = \cos(\theta/2)|0\rangle + e^{i\varphi}\sin(\theta/2)|1\rangle$，其中 i 为虚数。因本书的核心内容较少涉及该部分知识，不再赘述，感兴趣的读者可参考文献[13]、[15]的详细介绍。

1.1.2 常见的运算和算符

1. 内积和外积

对于采用狄拉克符号表示的向量和量子态，量子计算中常见的运算便是内积（inner product）与外积（outer product），以公式（1-1）的$|u\rangle$和公式（1-2）的$\langle u|$为例，向量内积的结果对应一个值，例如：

$$\langle u|u \rangle = \sum_{i=1}^{n} a_i^* a_i \qquad (1\text{-}6)$$

而$|u\rangle$和$\langle u|$外积的表达为

$$|u\rangle\langle u| = \begin{pmatrix} a_1 \\ \vdots \\ a_n \end{pmatrix} (a_1^*, \cdots, a_n^*) = \begin{pmatrix} a_1 a_1^* & \cdots & a_1 a_n^* \\ \vdots & \ddots & \vdots \\ a_n a_1^* & \cdots & a_n a_n^* \end{pmatrix} \qquad (1\text{-}7)$$

本书中，内积运算多在量子测量阶段发挥作用，利用量子行走算法的测量结果为网络的节点和链路打分；而外积运算主要用作构造演化算符，为离散时间量子行走提供行走的动力或为粒子指定行走路径。关于量子测量和演化，参考 1.1.4 节。

2. 张量积和直和

当运算对象为矩阵或向量时，量子计算中更为广泛的运算为张量积（tensor product）和直和（direct sum）。张量积采用符号"$\otimes$"表示，假设存在行列数分别为 2×1 和 2×3 的矩阵 $A_{2\times1}$ 和矩阵 $B_{2\times3}$，二者的张量积可以表达为

$$A_{2\times1} \otimes B_{2\times3} = \begin{pmatrix} a_1 \\ a_2 \end{pmatrix} \otimes \begin{pmatrix} b_{11} & b_{12} & b_{13} \\ b_{21} & b_{22} & b_{23} \end{pmatrix} = \begin{pmatrix} a_1b_{11} & a_1b_{12} & a_1b_{13} \\ a_1b_{21} & a_1b_{22} & a_1b_{23} \\ a_2b_{11} & a_2b_{12} & a_2b_{13} \\ a_2b_{21} & a_2b_{22} & a_2b_{23} \end{pmatrix} \tag{1-8}$$

依此类推，行列数分别为 $m\times n$ 和 $p\times q$ 的矩阵 $A_{m\times n}$ 和矩阵 $B_{p\times q}$ 的张量积，其结果为矩阵 $C_{mp\times qn}$。值得注意的是，在量子计算中，张量积符号常被省略，如：

$$|u\rangle \otimes |v\rangle = |u\rangle|v\rangle = |u,v\rangle \tag{1-9}$$

关于直和，全书采用符号"$\oplus$"表示。仍以矩阵 $A_{2\times1}$ 和矩阵 $B_{2\times3}$ 为例，二者的直和可表达为

$$\begin{aligned} A_{2\times1} \oplus B_{2\times3} &= \begin{pmatrix} a_1 \\ a_2 \end{pmatrix} \oplus \begin{pmatrix} b_{11} & b_{12} & b_{13} \\ b_{21} & b_{22} & b_{23} \end{pmatrix} \\ &= \begin{pmatrix} a_1 & 0 & 0 & 0 \\ a_2 & 0 & 0 & 0 \\ 0 & b_{11} & b_{12} & b_{13} \\ 0 & b_{21} & b_{22} & b_{23} \end{pmatrix} = \begin{pmatrix} A_{2\times1} & 0 \\ 0 & B_{2\times3} \end{pmatrix} \end{aligned} \tag{1-10}$$

显然，行列数分别为 $m\times n$ 和 $p\times q$ 的矩阵 $A_{m\times n}$ 和矩阵 $B_{p\times q}$，其直和运算结果为 $(m+p)\times(n+q)$ 的矩阵 $C_{(m+p)\times(n+q)}$。在本书中，张量积及直和运算主要用于构造封闭量子系统的希尔伯特空间。关于希尔伯特空间，参考 1.1.4 节。

3. 三种常见的算符

算符（operator）沿用了物理学的翻译习惯，在量子图像处理等领域中常称之为算子[16]。下面介绍三种常见算符，即 Hadamard 算符、Fourier 算符和 Grover 算符。Hadamard 算符的表达相对简单，它可以视为对 $|0\rangle$ 和 $|1\rangle$ 量子比特外积结果的累加：

$$
\begin{aligned}
H &= \frac{1}{\sqrt{2}}\left(|0\rangle\langle 0| + |0\rangle\langle 1| + |1\rangle\langle 0| - |1\rangle\langle 1|\right) \\
&= \frac{1}{\sqrt{2}}\begin{pmatrix} 1 & 1 \\ 1 & -1 \end{pmatrix}
\end{aligned}
\tag{1-11}
$$

Fourier 算符可以看作由相位参数 ω 控制的矩阵，设相位参数 $\omega = \exp(2\pi \mathrm{i} / N)$，$N$ 为算符的行列数，i 为虚数。则 Fourier 算符 F 中第 p 行、第 q 列元素的计算方法为

$$
F_{pq} = \frac{\omega^{pq}}{\sqrt{N}} = \frac{\left[\exp(2\pi \mathrm{i} / N)\right]^{pq}}{\sqrt{N}}
\tag{1-12}
$$

式中，p 和 q 从 0 开始计数，$p, q \in \{0, \cdots, N-1\}$。因包含虚数 i，公式（1-12）在计算过程中会引入欧拉公式（Euler formula）将原式转化为三角函数，欧拉公式定义为

$$
\exp(\mathrm{i}\theta) = \cos\theta + \mathrm{i}\sin\theta
\tag{1-13}
$$

假设 Fourier 算符行列数为 4，结合公式（1-12）和公式（1-13），则定义 Fourier 算符 F 为

$$
F = \frac{1}{2}\begin{pmatrix} 1 & 1 & 1 & 1 \\ 1 & \mathrm{i} & -1 & -\mathrm{i} \\ 1 & -1 & 1 & -1 \\ 1 & -\mathrm{i} & -1 & \mathrm{i} \end{pmatrix}
\tag{1-14}
$$

Grover 算符参照 Grover 搜索算法的反射算符（reflection operation）而定义[2]，关于 Grover 搜索算法及其反射算符参考 1.2.1 节。一个简单的二阶 Grover 算符 G 可以定义为

$$G = \frac{1}{2}\begin{pmatrix} -1 & 1 & 1 & 1 \\ 1 & -1 & 1 & 1 \\ 1 & 1 & -1 & 1 \\ 1 & 1 & 1 & -1 \end{pmatrix} \tag{1-15}$$

根据公式（1-15）的表达形式，Grover 算符可以理解为主对角元素均为负值的矩阵。在本书中，当 Grover 算符对角元素包含被研究对象的属性信息时，则可用于设计量子行走算法中独立的硬币算符。

值得说明的是，引入相位参数 ϕ_1、ϕ_2 和角度参数 θ 是幺正算符更为广泛的构造形式，例如 SU(2)算符：

$$SU(2) = \begin{pmatrix} \cos\theta & e^{i\phi_1}\sin\theta \\ e^{i\phi_2}\sin\theta & -e^{i(\phi_1+\phi_2)}\cos\theta \end{pmatrix} \tag{1-16}$$

SU(2)算符的主要用途在于：①讨论该算符中相位参数与量子测量结果之间联系。例如，基于信息熵挖掘量子行走的最长行走距离同 SU(2)中相位参数的关系[17]。②根据 SU(2)算符构造新的幺正算符。例如，当 SU(2)算符中角度参数 $\theta = \pi/4$，相位参数 $\phi_1 = \phi_2 = 0$，该算符即为公式（1-11）的 Hadamard 算符；当参数 θ、ϕ_1 和 ϕ_2 为任意值时，均可从公式（1-16）得到一个幺正矩阵，幺正的概念参考 1.1.4 节。此外，量子计算中还涉及诸多逻辑门，如非门、交换门等，因本书对此涉及不多，不作过多介绍。感兴趣读者可参考文献[15]、[18]、[19]。

1.1.3　量子线路基本概念

量子线路（quantum circuit）为量子算符（逻辑门）的运算提供了可视化的表达方法，并且直观地展现了量子算法在线路图上的复杂度。图 1-1（a）给出了一

个简单的量子线路图，其中每个轨道（rail）代表一个量子比特，每个带字母的方框表示一个算符。量子线路的时间流自左向右，按时间顺序，左边算符的运算比右边的先执行。图 1-1（a）中，单轨道表示并传递的是量子比特，而双线轨道表示经典比特 0、1。图 1-1 中，H、X、Y、Z、A、B、C、D、E、F 和 U 表示不同的算符，$\boxed{\diagup\!\!\!\!\diagdown}$ 代表测量过程。处于不同轨道上的算符执行张量积运算，例如图 1-1（b）中的线路表示为 $A \otimes B \otimes C$；而根据时间流的方向，同一轨道上的不同算符间执行点积（dot product）运算，点积运算即两个行列数相同矩阵的元素对应相乘。例如，图 1-1（c）线路的算符执行点积运算，表示为 $F \cdot E \cdot D$。值得注意的是，量子计算中张量积和矩阵乘法的符号常被省略，为简单区分两种运算，要求书写顺序与矩阵乘法顺序相反[20]。包括点积在内的矩阵乘法运算满足交换律，颠倒运算顺序不影响计算结果。

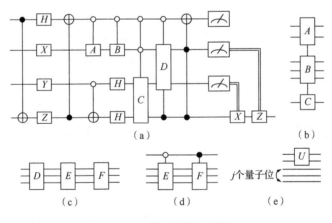

图 1-1 量子线路示例图

在量子线路图中，空心圆圈表示控制位为 $|0\rangle$，黑色实心圆圈表示控制位为 $|1\rangle$，当某轨道上的控制位同临近轨道的算符相连时，算符的运算结果受控制位或 $|0\rangle$ 或 $|1\rangle$ 的影响。受控算符（逻辑门）间执行直和运算，以图 1-1（d）的量子线路图为例，有 $E \oplus F$。量子线路的运行是并行的，这一点从输入量子位的表达上便能体现。根据公式（1-4），1 个量子比特包含 2 个经典比特信息，以图 1-1（e）

的量子线路图为例，j 个量子位执行张量积运算后包含经典比特的数量为 2^j。当量子位的轨道上不包含任何算符时，默认采用单位矩阵 I 占位，由此图 1-1（e）的量子线路被表达为 $U \otimes I_{2^j}$，其中 I_{2^j} 表示行列数为 2^j 的单位矩阵。

广义量子算法泛指能在量子计算机上运行的算法，而量子线路是量子算法能在量子设备运行的模型依据。本章后续小节将要介绍的三种量子算法均包含对应的量子线路，但量子线路在本书中的比重较低，故不作详尽介绍，感兴趣读者可参考《量子图像处理及应用》[16]。

1.1.4　量子力学的基本假设

量子力学的基本假设是设计量子算法并使量子算法具有潜在并行性的核心依据。在介绍量子力学基本假设之前，不妨先从解读中华民族的文化瑰宝开始，这些内容会帮助读者快速了解量子力学的基本概念。

早在上古时期，伏羲氏已经通过阴、阳形成了模糊的二进制概念。阴、阳互相包含彼此构成一个整体，二者并非彼此独立，亦并非一个事物的两个部分。正如一只手的手心和手背，可谓一阴一阳，但手心手背作为一个整体无法分离。而跨越了几千年之久的今天，量子计算中由量子比特表示的态向量才将阴、阳这种相互交织的概念量化表达。正如公式（1-4）中，$|0\rangle$ 和 $|1\rangle$ 为阴和阳，而 $|0\rangle$ 和 $|1\rangle$ 的概率振幅则对应着事物或系统内部阴阳调和的动态变化。这也是中国民众普遍认为量子力学和中国传统文化息息相关的一个主要缘由。

西汉时期，中国古人在对天文历法的探索中总结出"二十四节气"用来指导农耕事务。"二十四节气"的本质为星辰在黄道经度坐标下随时间推移的运动规律。《周易》中的伏羲八卦和爻辞也是天文历法下，中国古人对演变规律的摸索。从宏观宇宙到微观世界，形同此理，均是在看似混沌的系统中总结随时间推移的演变规律。在对浩瀚无垠宇宙世界摸索的进程中，王国维的"以我观物，故物皆著我之色彩"揭示了人类观察世界的有限和狭隘之处，每个人所观的三千大千世界仅为世界全貌中的一面。如同对于微观世界，人类仅能观察到粒子在某个时刻的运动结果，无法一次而察其全貌。这也是量子力学中曾被爱因斯坦质疑过的重要概念——坍缩（collapse）。

如果世界是不可名状的高维信息，那么个体所观察到的世界则是高维信息的投影。正如孟子所言：万物皆备于我。在现实生活中，投影可以形象化地理解为人在太阳下的影子，尽管投影结果是对真实信息在时间推移背景下的降维表达，但许多时候仍然可以根据影子的轮廓特征猜想影子所属者的姿势、手持物品、身材特征甚至推理影子所属者是谁。因此，量子力学中在某时刻对个体的测量并非无意义，即便测得的结果仅是微观世界全貌中的一面，但对当下时刻而言意义重大。这也是量子算法从震荡测量结果中寻找目标解的关键思想。

上述内容涵盖了量子力学的几项重要概念：演化、投影、测量及坍缩。基于以上通俗化的解释，进而介绍量子力学的四个基本假设。量子力学的基本假设包括：态空间（state space）、酉演化（unitary evolution）、复合系统（composite systems）以及测量过程（measurement process）[21]。针对本书所设定的复杂网络问题环境，本节对以上四个基本假设有如下解释：①将复杂网络视为封闭量子系统，态空间是将待研究的复杂网络视为希尔伯特空间（Hilbert space）中的一个量子态 $|\psi\rangle$，而粒子在希尔伯特空间内的移动均由不同时间 t 下的态 $|\psi(t)\rangle$ 记录。量子行走在特定的网络上发生时，粒子仅能在节点上依赖链路关系跳转，但这并不意味着态空间的维度等于网络节点数量。以一维直线上的量子行走为例，粒子因在左右两侧各有一个可选择的行走方向，该直线的空间维数将定义为直线上位置点的数量的 2 倍。②酉演化也称为幺正演化，它枚举了粒子在一个封闭空间内随时间推移而运动的全部可能。幺正演化同本节前部分提到的"二十四节气"的规律有异曲同工之妙，二者均为对运动规律的描述。在量子行走中，幺正强调演化要遵循两方面约束：一是测量后粒子在全部节点上停留的概率之和等于 1；二是在演化过程中（未发生测量时），要求粒子在当前时刻以前的运动情况能通过演化算符的逆

同态向量的乘积而还原，例如，$|\psi(0)\rangle = |\psi(t=1)\rangle U^{-1}$ 和 $|\psi(t=1)\rangle = U|\psi(0)\rangle$ 的计算过程。幺正演化依赖幺正矩阵完成，而幺正矩阵满足以下特征：

$$UU^{\dagger} = I \tag{1-17}$$

或

$$U^{\dagger} = U^{-1} \tag{1-18}$$

式中，I 表示单位矩阵；$U^{\dagger}$ 为 U 的共轭转置矩阵。简单而言，态空间代表当前研究的封闭量子系统的整体，而幺正演化描述的是粒子在该空间内运动的规律。③在本书中，复合系统特指复杂网络对应的态空间是由网络中每个节点分量的张量积、累加和或直和构成的整体。④测量过程是对处于叠加态的态向量分量具有破坏性的观察行为。在本书中，测量多指计算粒子在复杂网络中不同节点上的停留概率，并以此作为特定问题中节点和链路的评分。测量颇具"以我观物，故物皆著我之色彩"的意味，它是态向量的分量在演化算符上的投影，通常定义为

$$P = \left|\langle\psi|U|\psi\rangle\right|^2 \tag{1-19}$$

以复杂网络问题环境为例，公式（1-19）的含义为：经过算符 U（随时间）的演化，粒子在网络全部节点上停留的概率分布。

　　量子算法便是基于上述量子力学基本假设而设计的可以在量子设备上执行的程序（线路）。量子算法的主要思想为：将待处理问题编码为量子态，利用演化过程调节各个分量的概率振幅进而有针对性地使处于叠加态的整体分裂，最终经由测量过程将其输出为目标解和非目标解。

1.2　量子算法简介

　　量子算法的研究取得了显著进步，诞生了诸如 Grover 搜索算法[2]、变分量子（variational quantum）算法[22]、HHL 量子算法[3]、量子支持向量机（quantum support vector machine）[23]、量子奇异值分解（quantum singular value decomposition）[24]、量子傅里叶变换（quantum Fourier transition）[1]、振幅估计（amplitude estimation）[25]、振幅放大（amplitude amplification）[2]、绝热量子计算（adiabatic quantum computing）[26]和量子行走（quantum walk）[21]等性能优异的量子算法。本节仅介绍具有代表性的 3 项：Grover 搜索算法、量子行走以及 HHL 量子算法。

1.2.1 Grover 搜索算法

Grover 搜索算法[2]实现了对无结构数据的快速搜索。例如：在具有 N 条乱序通信信息的电话簿中查找某人的电话号码，Grover 搜索算法相比经典搜索算法能够实现复杂度为 $O\left(\sqrt{N}\right)$ 的加速搜索。当待搜索数据库中的数据量极为庞大时，平方根加速所能节约的资源极为可观。Grover 搜索算法的核心思想如下：设数据库中存在 N 个数据点，通过黑箱（oracle）对全部数据点分类为标记点和非标记点，在算法的演化过程中翻转标记点对应振幅的符号，并使标记点的振幅放大而非标记点振幅减小。重复上述过程 $\pi\sqrt{N}/4$ 次（此结果向下取整），将得到标记点对应的测量概率大于等于 $1-1/N$ 的结果，而其他节点测量概率趋于 0，以此实现快速查找。

Grover 搜索算法的数学表达过程如下：设存在数量为 N 的数据点，$N=2^n$，其中 n 为 N 条数据对应的量子比特数量，标记函数 $f(x)$ 仅在标记点 $x = x_0$ 处等于 1，否则为 0。因此，$f(x)$ 定义为

$$f(x) = \begin{cases} 1, & \text{若 } x = x_0 \\ 0, & \text{否则} \end{cases} \tag{1-20}$$

在量子计算中，演化是算法实现特定功能的核心步骤。为实现叠加态下 Grover 搜索算法对数据点的标记功能，需定义一个演化算符 U。该算符由酉算符 R_f 和酉算符 R_D 共同构成，其中 R_f 即为量子版本的标记函数 $f(x)$，通过 $|0\rangle$ 和 $|1\rangle$ 标记当前判断的数据点 x 是否为标记点 x_0，故 R_f 定义为

$$R_f|x\rangle|0\rangle = \begin{cases} |x_0\rangle|1\rangle, & \text{若 } x = x_0 \\ |x\rangle|0\rangle, & \text{否则} \end{cases} \tag{1-21}$$

公式（1-21）即为 Grover 搜索算法的黑箱。令所有数据点以标准基的形式表达，并记为 $|j\rangle$，则可以构造全部数据点在初始时刻的叠加态：

$$|D\rangle = \frac{1}{\sqrt{N}} \sum_{j=0}^{N-1} |j\rangle \tag{1-22}$$

由此，可以定义对角线元素均为负值的酉算符 R_D，也称为反射算符：

$$R_D = \left(2|D\rangle\langle D| - I_N\right) \otimes I_2 \tag{1-23}$$

式中，I_N 和 I_2 分别表示行列数为 N 和行列数为 2 的单位矩阵。Grover 搜索算法每查找一次，便执行一次演化算符 U，而 U 定义为

$$U = R_D R_f \tag{1-24}$$

进一步，通过符号翻转可以快速地调整目标数据的概率振幅，因此在初始时设置态 $|-\rangle = (|0\rangle - |1\rangle)/\sqrt{2}$，并将初始时刻量子态表达为

$$|\psi_0\rangle = |D\rangle|-\rangle \tag{1-25}$$

假设黑箱 R_f 已经检测到数据中存在标记点 $|x_0\rangle$，此时态 $|-\rangle$ 起到的符号翻转作用便一目了然：

$$\begin{aligned} R_f|x_0\rangle|-\rangle &= \frac{R_f|x_0\rangle|0\rangle - R_f|x_0\rangle|1\rangle}{\sqrt{2}} \\ &= \frac{|x_0\rangle|1\rangle - |x_0\rangle|0\rangle}{\sqrt{2}} \\ &= -|x_0\rangle|-\rangle \end{aligned} \tag{1-26}$$

通过公式（1-26）的变换可以发现，要对全部数据点的初始态 $|D\rangle$ 辅以态 $|-\rangle$ 才能在 R_f 的作用下实现振幅放大，此过程即标记点对应概率振幅的符号翻转。

为方便理解,本节给出一个极简实例概括上述复杂的描述。假设数据库中存在 4 个元素,提取每个元素初始概率振幅记录在矩阵 y 中,其中第三个元素对应的数据点为标记的待搜索数据,其概率振幅在矩阵 y 中以方框标记,y 表示为

$$y = \frac{1}{2}\begin{pmatrix} 1 \\ 1 \\ \boxed{1} \\ 1 \end{pmatrix} \tag{1-27}$$

接着利用公式（1-21）翻转标记点对应概率振幅的符号,则有

$$y \cdot R_f = \begin{pmatrix} 1 & 0 & 0 & 0 \\ 0 & 1 & 0 & 0 \\ 0 & 0 & -1 & 0 \\ 0 & 0 & 0 & 1 \end{pmatrix} \times \frac{1}{2}\begin{pmatrix} 1 \\ 1 \\ \boxed{1} \\ 1 \end{pmatrix} = \frac{1}{2}\begin{pmatrix} 1 \\ 1 \\ \boxed{-1} \\ 1 \end{pmatrix} \tag{1-28}$$

公式（1-28）对应公式（1-26）中符号翻转功能的实现。最后利用形如公式（1-15）的 Grover 算符实现振幅放大,在运算上则表现为公式（1-28）同 Grover 算符的乘积:

$$(y \cdot R_f) \cdot G = \frac{1}{2}\begin{pmatrix} -1 & 1 & 1 & 1 \\ 1 & -1 & 1 & 1 \\ 1 & 1 & -1 & 1 \\ 1 & 1 & 1 & -1 \end{pmatrix} \times \frac{1}{2}\begin{pmatrix} 1 \\ 1 \\ \boxed{-1} \\ 1 \end{pmatrix} = \begin{pmatrix} 0 \\ 0 \\ \boxed{1} \\ 0 \end{pmatrix} \tag{1-29}$$

可以发现此时只有标记点对应的概率振幅大于 0,而其他非标记点的概率振幅等于 0。上述实例直观地展现了 Grover 搜索算法的核心思想和计算步骤。

此外,根据以上定义还可以设计出 Grover 搜索算法的量子线路图,以便在量子计算机上执行 Grover 搜索算法。在 Grover 搜索算法的量子线路中,$|D\rangle$ 表示 n 个数据点的叠加态,其中 $n = \log_2 N$。根据公式（1-22）的叠加态,$|D\rangle$ 在量子线路图中被表达为

$$|D\rangle = H^{\otimes n}|0\rangle \tag{1-30}$$

进一步，利用算符 $(I - 2|0\rangle\langle0|)$ 充当量子线路中 Grover 搜索算法的标记函数 R_f，结合公式（1-21）、公式（1-23）～公式（1-25），R_D 定义为

$$R_D = -\left(H^{\otimes n}\left(I - 2|0\rangle\langle0|\right)H^{\otimes n}\right)\otimes I_2 \tag{1-31}$$

由此，Grover 搜索算法的量子线路图可参考图 1-2，其中扮演黑箱角色的算符 R_f 及 Grover 搜索算法的反射算符被标以虚线框，框内的量子线路模块运行次数为 $\pi\sqrt{N}/4$ 次（此结果向下取整）。

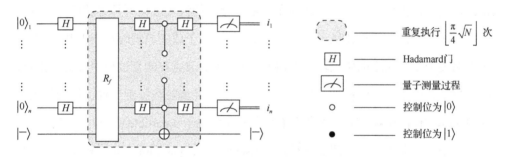

图 1-2　Grover 搜索算法的量子线路图

　　Grover 搜索算法为量子算法的设计提供了宝贵技巧——振幅放大。振幅放大机制已经成为诸多量子算法中的关键步骤，例如：振幅放大为强化学习中多臂赌博机（multi-armed bandit）的最佳手臂选择提供了量子解决方案[27]。此外，Grover 搜索算法衍生出形如公式（1-23）的算符，为量子行走算法中粒子在图形上的运动提供了新的驱动力（硬币算符）。特别是 Grover 搜索算法"使标记信息含于算符中"和"通过演化放大目标解的概率振幅"的过程，已经形成了成熟的量子算法设计思想[3]，大力推动了空间搜索问题中量子算法的研究和创新[21,28]。

1.2.2　量子行走

　　严格地讲，在不加任何限定或要求时，量子行走属于量子计算中的计算模型[29]，因为它可以用来设计并实现其他量子算法，例如基于量子行走设计用于校

验两个矩阵乘积是否等于第三个矩阵的量子算法[30]。而当量子行走在具体应用中实现特定功能时，便可称为量子行走算法。回顾 1.2.1 节的 Grover 搜索算法，假设各数据点之间均存在关联，那么 Grover 搜索算法可以看作对完全图（completed graph）上标记节点的搜索，而量子行走则可以看作针对结构化数据（图结构数据）的 Grover 搜索算法。需要说明的是，目前中文文献对量子行走的翻译尚未统一，量子（随机）游走[31-32]、量子行走、量子漫步[33]均指 quantum walk，本书统称量子行走。

量子行走从经典随机行走（random walk）扩展而来[34-35]，但同经典随机行走相比，其特性大相径庭，主要区别在于量子行走的演化过程不具有随机性，唯一可能存在随机性的过程在量子行走的测量阶段，粒子或随机坍缩在图上某个节点。在本书关于复杂网络的研究环境中，粒子所停留的节点在测量过程中被直接指定，所以量子行走不存在随机性。量子行走的主体同经典随机行走一致，均为行走者（walker），本书沿袭物理领域的翻译习惯统称为粒子（particle）[36]。

量子行走分为离散时间量子行走（discrete-time quantum walk）和连续时间量子行走（continuous-time quantum walk），其中离散时间量子行走主要依靠硬币算符和移位算符为粒子提供演化动力（部分离散时间量子行走是无硬币的[37-38]），而连续时间量子行走模型依靠薛定谔方程（Schrödinger equation）提供演化动力支撑粒子在图上不同节点间的跳转。无论是哪种模型，其研究都无法脱离特定的图（graph）。对于任意确定图上的量子行走，粒子均要依赖图上节点间的链路关系移动，不能凭空跳跃。离散时间量子行走大多通过对具有邻接关系节点的标准基组合来构造移位算符，确保粒子的运动轨迹有据可依。在连续时间量子行走中，通常利用图的邻接矩阵（adjacency matrix）或拉普拉斯矩阵（Laplacian matrix）替代薛定谔方程中的哈密顿量（Hamiltonian），确保粒子依赖网络的连通性而移动。

本书的第 2 章将详细介绍量子行走在现有计算机上的定义和仿真实验，该部分仅展示量子行走在量子设备上的运行原理。以圆环上的离散时间量子行走为例[39]，当圆环长度为 16 时，节点所需的量子线路数量为 4，即 $\log_2 16$。粒子从圆环上任

何节点出发均有 2 个可选择的行走方向，分别采用 $|0\rangle$ 和 $|1\rangle$ 表示。因此，圆环上离散时间量子行走的量子线路图的量子比特应分为两部分，包括用于表示长度为 16 的圆环的 4 个处于叠加态的量子比特以及用于表示粒子向其邻域节点移动的量子比特。当粒子朝向 $|0\rangle$ 所代表的方向行走时，量子线路执行增长模块 incr；反之，线路执行衰减模块 decr。如图 1-3 所示的量子线路中，$|0\rangle$ 和 $|1\rangle$ 作为控制位参与增长模块 incr 和衰减模块 decr 的计算，并以此构造圆环上量子行走的移位算符 S，其中 $S = \mathrm{incr} \otimes |1\rangle + \mathrm{decr} \otimes |0\rangle$。因圆环为闭合图形，图 1-3（b）中的线路可循环执行。

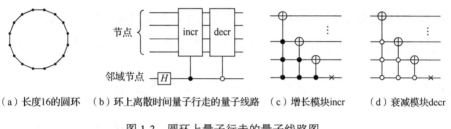

（a）长度16的圆环　　（b）环上离散时间量子行走的量子线路　　（c）增长模块incr　　（d）衰减模块decr

图 1-3　圆环上量子行走的量子线路图

1.2.3　HHL 量子算法

求解线性方程组是机器学习中特征值分解和分类等任务的重要环节，相比经典非量子的线性方程组求解算法，HHL 量子算法的运行效率具有指数的提升[3]，并强有力地推动了量子机器学习（quantum machine learning）的发展。

假设待求解方程的系数矩阵为 $N \times N$ 的埃尔米特（Hermitian）矩阵 A，b 表示单位向量，HHL 量子算法的目标为找到向量 x，满足 $Ax = b$。埃尔米特矩阵为对称矩阵，当矩阵 A 为非对称矩阵时，可以通过扩充该矩阵的维度使其转化为埃尔米特矩阵，并满足 $Ax = b$ 的形式，其转化方法为

$$\tilde{A} = \begin{pmatrix} 0 & A \\ A^{\dagger} & 0 \end{pmatrix} \tag{1-32}$$

式中，$A^{\dagger}$ 为 A 的共轭转置，此时 $\tilde{A}$ 为对称矩阵，$Ax = b$ 被转化为

$$\tilde{A}y = \begin{pmatrix} b \\ 0 \end{pmatrix} \tag{1-33}$$

在公式（1-33）的形式下，对于非埃尔米特系数矩阵 A，HHL 量子算法的目的是利用 $\tilde{A}$ 找到目标解 y，而 y 的构造方法为

$$y = \begin{pmatrix} 0 \\ x \end{pmatrix} \tag{1-34}$$

考虑 A 为埃尔米特矩阵的情况，HHL 量子算法的求解思路为 $x = A^{-1}b$。为得到向量 x 对应的量子解，HHL 量子算法首先将矩阵 A 和向量 b 分别以标准基同概率振幅相乘的形式表达为量子态，向量 b 对应量子态定义为 $|b\rangle = \sum_{i=1}^{N} b_i |i\rangle$；矩阵 A 可以拆解为其特征值和特征基复合的形式，即 $A = \sum_{j=0}^{N-1} \lambda_j |\mu_j\rangle\langle\mu_j|$，其中 $|\mu_j\rangle$ 表示矩阵 A 的特征基。因此，矩阵 A 的逆定义为 $A^{-1} = \sum_{j=0}^{N-1} \lambda_j^{-1} |\mu_j\rangle\langle\mu_j|$。基于上述 $x = A^{-1}b$ 的求解思路，HHL 量子算法的目标解 $|x\rangle$ 定义为

$$|x\rangle = A^{-1}|b\rangle = \sum_{j=0}^{N-1} \lambda_j^{-1} b_j |\mu_j\rangle \tag{1-35}$$

HHL 量子算法在量子计算机上执行的过程中包含三部分模块，即量子相位估计（quantum phase estimation）、旋转以及逆量子相位估计，其量子线路可参考图 1-4。图 1-4 中，FT† 为傅里叶变换（Fourier transform）算符的共轭转置；算符 R 对应一个旋转门；$H^{\otimes n}$ 的含义为 n 个量子比特的叠加；$U^\dagger$ 为 U 的共轭转置。图 1-4 的量子相位估计模块中，矩阵 A 以哈密顿量的形式表达，记为 $U = e^{iAt}$，而相位估计的作用是得到矩阵 A 的特征值 λ_j，即特征值 λ_j 为量子相位估计模块的结果。该结果在旋转模块中用作控制位，通过预设的旋转角度调整特征值的概率振幅。该过程需引入常数 C，并基于辅助量子位构造量子态：

$$\sum_{j=1}^{N}\left(\sqrt{1-\frac{C}{\lambda_j^2}}\,|0\rangle+\frac{C}{\lambda_j}|1\rangle\right)\beta_j|\lambda_j\rangle|\mu_j\rangle \tag{1-36}$$

最后，执行逆相位估计运算并测量辅助量子位。若测量结果等于 1，则输出解 $|x\rangle^*$；否则重新计算。通过量子线路计算得到的解 $|x\rangle^*$ 和实际目标解 $|x\rangle$ 之间具有正比例关系，满足 $|x\rangle^* \propto |x\rangle$。

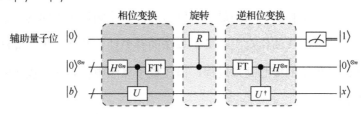

图 1-4　HHL 量子算法的量子线路图

值得一提的是，HHL 量子算法的哈密顿量仿真阶段即利用 e^{iAt} 构造算符 U 的过程，可以通过量子行走模型实现[40]，这一实现结果可直接作用于 HHL 量子算法的相位估计模块[41]。HHL 量子算法已经成为量子机器学习领域的宠儿[6]，许多量子版本的机器学习算法均依赖 HHL 实现，如量子支持向量机（quantum support vector machine）[23]、量子版本的最小二乘拟合（least squares fitting）[42]、量子主成分分析（quantum principal component analysis）[43]等。2020 年，合肥本源量子计算科技有限责任公司在弹簧排序模型（spring ranking model）[44]基础上利用 HHL 量子算法挖掘复杂网络中的关键节点[45]，其中弹簧排序模型通过线性方程组的解计算有向网络节点的重要性。该成果为量子算法在复杂网络中的应用提供了新的求解思路。

本节仅介绍了具有代表性的量子算法中同量子行走高度相关的几项，量子算法中还有许多堪称具有开创性意义的工作，如 Shor 质因数分解算法[1]、Deutsch-Jozsa 算法[46]、绝热量子计算[26]以及量子模拟退火算法[47]等，感兴趣的读者可以参考量子算法园（quantum algorithm zoo）的在线网站[48]，不再赘述。

1.2.4　量子算法同非量子算法间的联系

根据 1.2.1 节的描述可以发现，量子算法的主要设计思想是依靠量子力学的叠加、纠缠等特性，将待求解问题编码为量子态，利用构造好的算符来放大目标解对应的概率振幅，使其在测量阶段能以极高（接近 1）的概率输出。分析量子算法同非量子算法间的关联关系有助于将量子算法按模块划分，提高量子算法流程的可读性，并使复杂网络等环境下量子行走算法的设计思路更加清晰。首先，量子算法涵盖了非量子算法的部分特征，包括输入、输出以及有穷性。量子算法中的量子比特即为量子算法输入的最小单位信息；量子测量阶段即为量子算法的输出；量子算法的有限次演化对应非量子算法的有穷性。其次，量子算法中的演化过程对应非量子算法的核心处理过程，但在量子算法中仅表现为以矩阵乘法为代表的运算形式。

此外，可以从量子力学的基本假设出发思考量子算法和非量子算法间的联系。态空间定义了量子算法中态向量的长度，这在非量子算法中对应空间复杂度的概念。空间复杂度在非量子算法中常被忽略，一方面是因为许多算法不涉及大量存储空间的消耗，另一方面新生的以机器学习和深度学习为代表的技术可以对数据分批处理，化解大规模数据无法一次读取完毕的问题。而矩阵及矩阵间的运算作为量子算法的核心表达形式，其空间复杂度无法忽略。幺正演化在非量子算法中对应算法的核心步骤。例如，在量子遗传算法（quantum genetic algorithm）[14]中，采用旋转门（rotation gate）可以实现种群的随机初始化以获得寻优的无限可能；再利用量子非门运算使种群中的个体完成变异。种群的初始化和更新策略是群体智能算法的核心，直接关系到算法对问题的求解精度，而在量子遗传算法中，上述核心步骤均由矩阵的乘法运算完成。另外，复合系统对应非量子算法的输入，它在计算形式上可看作各分量的态之间的张量积。量子计算强调将待处理问题视为叠加的整体，态向量则是量子算法的输入。最后，关于量子测量过程，仍以量子遗传算法为例，此过程在该算法中用于计算种群个体的适应值（fitness），它既可以作为算法的中间步骤为下一次种群迭代寻优提供新的启发信息，亦可以作为算法的最终结果而输出。

值得探讨的是量子算法的鲁棒性和可行性，这两个特性要依赖量子计算机才能得以确保，其中涉及量子计算机的物理材料、实现方式、纠错和容错能力等，无法单从量子算法本身获得。例如，相比超导量子计算机和半导体量子计算机，离子阱量子计算机的计算精度略胜一筹。而量子测量是经过有限次演化后随机坍缩的结果，它仅能以接近 1 的概率输出目标解。这导致量子算法面临两个棘手问题：一是受到测量过程随机坍缩的影响，需要对量子算法的量子线路执行若干次测量才能输出期望的结果；二是量子算法的量子线路依赖量子计算机方能实现，且量子算法在不同量子计算机上的性能或存在差异。在这种困境中，量子行走算法因其不局限于量子计算机的物理材料且能用于设计并仿真其他量子算法，被看作量子计算的通用计算模型（universal computation model），成为诸多量子算法中尤为特别的一种[29,49-50]。不仅如此，由于量子行走自经典随机行走扩展而来，它在现有冯·诺依曼体系结构计算机上的仿真无须依赖量子计算云平台或特定编程语言的量子计算工具包（如 Python 的 Qiskit 工具包），通过矩阵运算即可在现有计算机上获得仿真结果。若仅考虑量子行走在现有计算机上的仿真，量子行走算法则将摆脱量子设备所带来的束缚，并具备包括鲁棒性在内的经典（非量子）算法的全部要素。本书将利用量子行走挖掘并表征复杂网络中有意义的网络结构信息，为社交网络病毒营销、好友推荐、蛋白质功能模块挖掘等应用提供有益的参考和指导。

1.3　低维量子行走应用简介

1993 年，作为经典随机行走在量子领域的扩展成果，离散时间量子行走的研究成果首次在 *Physical Review A* 期刊上发表[34]。从 1905 年经典随机行走的提出[51]到离散时间量子行走的提出虽然跨越了 88 年之久，但量子行走很快在通用计算模型[28]、标记点搜索[21]、图神经网络[52]及通信安全[31]等方面发挥了不可替代的作用。本节从信息安全和空间搜索两方面介绍量子行走在近些年取得的具有代表性的应用成果。量子行走的实现需依靠图形的拓扑结构，因此针对不同的图形结构其应用领域有所区别。已有量子行走的研究工作普遍针对低维规则图，如直线、环、二维晶格和正则图等，故本节仅介绍低维量子行走的应用。

1.3.1 低维量子行走在信息安全中的应用

当量子行走发生在低维度图形上时，其主要应用于设计通信协议、伪随机数（密钥）生成器。在已知的此类应用中，量子行走均特指离散时间量子行走（或称为带硬币的量子行走）。量子行走的概率分布特点与初始点和初始状态的设定关系极大，并表现出混沌行为（chaotic behavior）。基于这一思想，文献[53]提出一种带有混沌系统的级联量子行走方法，该方法依据概率分布结果生成随机序列，并应用于图像加密。Yang 等[54]设计了一种基于 2 粒子量子行走的随机数生成器，进一步强化了已有单粒子量子行走的加密效果；进一步，该团队提出受控 2 粒子量子行走的 Hash 函数构造方案，用于图像加密并证明其有效性[55]。文献[56]基于 2 粒子量子行走设计一种用于图像隐写的替代盒（substitution box）方法。上述密钥均是基于 2 粒子量子行走生成的，其对应的希尔伯特空间因执行张量积计算导致算符的维度发生膨胀，需要消耗极大的存储空间，进而限制了随机数的生成。因此，文献[57]设计了单个粒子的量子行走加密算法，并将此方法应用于 5G 物联网以实现安全传输。

上述应用仅限于量子行走的伪随机数生成，量子行走在信息安全领域还可以作为通信协议的设计方案。Wang 等[58]基于 2 硬币交替的量子行走提出一种泛化的通信协议，该协议针对一个未知的量子位态，利用直线上的两步量子行走和长度为 4 的圆环上的量子行走实现隐形传态。为适应高维规则图上任意态的传递，2019 年 Shang 等[59]对该工作进一步改进，具体方法是将原始协议中 d^2 维度的量子测量替换为 2 个 d 维的测量，将原有的量子行走简化，并给出了 2 硬币量子行走的通用模型及量子线路图。

量子行走还可以用于量子数字签名（quantum digital signature）。与经典签名问题类似，量子签名同样区分为两方量子签名和仲裁量子签名（arbitrated quantum signature），其中仲裁量子签名是在信息的收发双方以外，另设一个用于核验信息的仲裁方，仲裁方将通过核验的消息附以时间戳用以保证收发信息双方的可靠通信。Barnum 等[60]指出不存在绝对安全的两方量子签名协议，并且从实用性来看，有可信第三方参与的仲裁签名方案更加实用[61]。因此，量子签名研究大多是仲裁量子签名方案。例如，Feng 等[62]提出基于量子行走隐形传态的仲裁量子签名方案，该方案的纠缠态无须提前制备，而是在签名阶段由量子行走自然生成，安全性分析表明方案的签名无法被否认。冯艳艳等[63]根据量子游走的隐形传输模型，提出一种无须提前制备纠缠源的、基于正则图上量子游走的仲裁量子签名算法。Li 等[64]设计了一种基于多硬币态量子行走的量子信息分割方案，该方案不需要预先准备纠缠态，也不需要测量纠缠度，降低了量子网络通信的资源消耗。

1.3.2　低维量子行走在空间搜索中的应用

寻找图上的标记节点集称为空间搜索问题。量子行走在该问题上的应用于2000 年左右便已形成诸多明确的结论。对于离散时间量子行走，在任意可遍历的可逆马尔可夫链（Markov chain）上找到单个标记节点所耗费的时长仅为经典随机行走的根号时间[65]。然而在基于连续时间量子行走的空间搜索问题中，仅在特定类型的图上能实现加速搜索[28]。例如，在二维晶格、三维晶格和四维晶格上，基于连续时间量子行走空间搜索算法的时间复杂度分别为 $O(N)$、$O(N^{5/6})$ 以及 $O(\sqrt{N}\log N)$，其中 N 表示图形上节点总数；而当晶格维度大于 5 时，其时间复杂度为 $O(\sqrt{N})$ [28]。

2004 年，Ambainis 等[66]提出一种带硬币的量子行走——AKR（Ambainis，Kempe，Rivosh）算法，该算法将图上的标记点和非标记点分类，并用不同的硬币算符表示。分析表明：AKR 算法在二维晶格上搜索标记点的时间复杂度为 $O(\sqrt{N}\log N)$，当晶格维度大于 3 时，AKR 算法能够实现平方根加速。同样能够实现加速搜索的还有著名的 Szegedy 量子行走算法[37]，该算法主要思想如下：将图中节点的链路关系映射为二部分图，然后以量子态独立表示二部分图中两个部分，并将二者复合构成用于搜索的演化算符。在一维、二维和维度大于等于 3 的晶格上，Szegedy 量子行走空间搜索的时间复杂度分别为 $O(N)$、$O\left(\sqrt{N}\log N\right)$ 以及 $O\left(N^{d/2}\right)$，其中 d 表示晶格维度。实际上，量子算法同经典（非量子）算法存在本质上的不同，基于量子行走算法解决空间搜索问题时，其时间复杂度虽然更低，但标记点对应的测量概率不一定最高[65]。换言之，在量子算法中存在这样的问题：检测到图上存在标记点并不代表该算法能以极高的测量概率输出该标记点。以二维晶格上 Szegedy 量子行走的空间搜索结果为例，该算法对标记点的首达时间（时间复杂度）为 $O\left(\sqrt{N}\log N\right)$，而其对标记点的测量概率等于 $1/\log N$。由此可见，该量子行走对二维晶格上标记点的搜索仅限于检测其存在，而无法以极高的概率发现它。2011 年，Magniez 等[67]基于可逆马尔可夫链和二部分图的设计思想，利用相位估计方法递归式地放大标记点的概率振幅，使标记点能以极高的概率被测得，为解决上述测量概率偏低的问题迈出了成功的一步。在文献[67]的研究中，标记点测量概率虽然极大地提高，却削弱了量子行走在首达时间上的加速优势。2012 年，Magniez 等[68]重新定义了一种含参的蒙特卡洛首达时间评价公式，结论指出量子行走既能在搜索时间上具有二次加速的优势，又能以极高的概率发现标记点。

　　量子行走在空间搜索问题上取得的突破虽然艰辛但十分可喜，与此同时相关成果在其他领域的应用也在不断延伸，极具代表性的一项工作是元素区分（element distinctness）问题。元素区分也称元素甄别，其研究目标为判断 N 个元素中是否存在两个相同元素。在 Buhrman 等[69]所提出的量子算法中，元素区分问题以 $O\left(N^{3/4}\right)$ 的时间复杂度被解决；而 Ambainis[70]提出的基于量子行走的算法进一步提升了求解效率，使元素区分问题能以 $O\left(N^{2/3}\right)$ 的时间复杂度求解。上述 Ambainis 的量子行走成果还被进一步扩展至图的三角形查询[30]和矩阵乘积匹配[71]等应用。由于量子行走在空间搜索中的应用所涉理论证明尤为细致，感兴趣的读者可参考以上原文或参考以 Wong 等[72-74]和 Chakraborty 等[75]为代表的工作。

　　信息安全和空间搜索仅为低维量子行走应用领域中极具代表性的两个分支。

如果量子行走所依赖的图形非低维规则图，例如不规则的复杂网络，此时量子行走模型将具有泛化能力，其应用领域也将被进一步扩充，因为规则图可视为复杂网络的特殊图。从量子行走在空间搜索中的应用便可知悉，已有工作不满足于规则图和特殊图[76-78]上量子行走所呈现出的优势，研究者开始尝试探索网络统计学特性和搜索效率间的关系。2010 年，Berry 等[79]探究了当空间搜索问题针对的是任意图时，图上标记节点的搜索概率同节点中心性之间的关系；2016 年，Chakraborty 等[75]指出当随机复杂网络的连接概率满足特定条件时，连续时间量子行走为空间搜索问题的最佳方案。上述两例研究反映出：受实际应用的客观需求影响，复杂网络（任意图）上的量子行走正逐步兴起。本书正是在此复杂网络上量子行走的热潮背景下，探讨复杂网络上量子行走算法的设计思路，设计量子行走算法并介绍其在网络节点挖掘、链路预测、社团发现以及网络表示学习中的应用。

1.4　全书组织结构

全书可划分为两部分，其中第 1 章和第 2 章为全书的理论基础，而第 3 章至第 6 章为量子行走在复杂网络结构信息挖掘中的应用。图 1-5 为本书的组织结构。具体而言，第 2 章在规则图上量子行走的研究基础上，介绍复杂网络量子行走的研究现状，并讨论复杂网络上量子行走算法的设计思路及其一般框架。复杂网络的最小组成对象为节点和链路，挖掘网络中有意义的节点和链路是复杂网络的基础性课题。第 3 章分别介绍离散时间量子行走和连续时间量子行走在复杂网络关键节点挖掘中的应用。第 4 章分别围绕复杂网络关键链路识别和链路预测两个应用，介绍量子行走算法在网络链路挖掘中的应用。进一步，挖掘对象的规模可以扩展为由节点和链路构成的子图结构，因此第 5 章介绍量子行走在复杂网络社团发现中的应用，其中社团便是有特殊意义的子图结构。第 6 章介绍量子行走算法在网络表示学习和图神经网络中的应用，包括节点相似性计算、网络分类及图同构等，最后分析量子行走在网络表示学习中未来的研究方向。

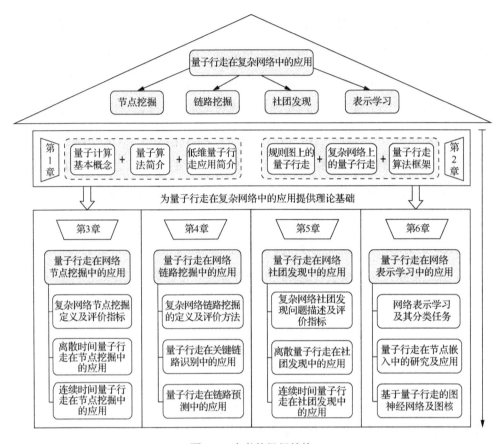

图 1-5　本书的组织结构

第2章　量子行走理论基础

量子行走虽然自经典随机行走扩展而来，但其特性与经典随机行走相比截然不同。如果将行走的过程比作对图上节点的遍历，经典随机行走的遍历方式为深度优先搜索（depth-first search），粒子从当前节点出发，每一步行走访问其某个近邻节点；而量子行走中粒子在图上的遍历过程类似于广度优先搜索（breadth-first search），粒子从当前节点出发，每一步行走访问最近一层的全部邻域节点。对于量子行走，当网络节点的标准基处于叠加态时，相当于粒子在每一个节点上分别建立一个"分身"，或理解为每个节点上均有一个粒子，此时的行走便具有叠加特性和并行概念。叠加和干涉效应（interference effect）使量子行走的概率分布与经典随机行走的概率分布表现大相径庭，同时，它也为量子行走的研究注入了新活力。例如，量子行走的叠加和干涉效应能够放大同构图之间相似节点的概率振幅[52]，相比经典（非量子）算法，量子行走能以平方根的时间复杂度解决空间搜索问题[75]，并且无目的的量子行走因干涉效应还可被视为混沌系统而用于生成伪随机数[80]。干涉效应是量子计算中叠加态下的伴随产物，是普遍量子算法共有的特性。量子行走若要成为解决复杂网络结构挖掘问题的有效算法，干涉效应仅是量子行走算法设计所需考虑的部分因素，其他诸如量子行走的步长设定、演化算符的构造等均为量子行走算法的设计要点。因此，与已有文献不同，本章并非仅注重量子行走干涉效应所产生的测量结果及特点（如中心极限和局域化），而是更加关注复杂网络上量子行走算法的设计与思考。目前，量子行走主要针对低维规则图，如一维直线、圆环和二维晶格等，对复杂网络上量子行走的研究不够充分。本章是全书量子行走算法的理论基础，从规则图上量子行走伊始向复杂网络上的量子行走扩展，并给出复杂网络上量子行走算法的一般框架。

2.1　规则图上的量子行走

低维规则图上的量子行走研究是量子行走的基础理论，也是用来指导高维以及不规则图上量子行走的核心依据[80]。目前，Portugal 所著的 *Quantum Walks and Search Algorithms*[21]和 Wang 等合著的 *Physical Implementation of Quantum Walks*[36]包含了量子行走的主要基础理论，前者侧重讲解量子计算中的量子行走及其相关的搜索算法，而后者侧重介绍以光学实验为代表的量子行走的物理实现。本节以直线和二维晶格为例，研究离散时间量子行走和连续时间量子行走测量结果的特点，为复杂网络上量子行走算法的设计积累理论依据并提供算法的设计参考。

2.1.1　低维离散时间量子行走

1. 一维离散时间量子行走研究

离散时间量子行走的定义和研究是从一维直线开始的[80]，其特点是抛硬币后根据落地硬币的正、反面决定粒子的行走方向。假设行走所依赖的图形为直线 L，那么在一维离散时间量子行走中，除两端节点外，粒子自任意节点出发均有两个可选择的行走方向，向左或向右，一般采用正交基 $|0\rangle$ 和 $|1\rangle$ 来描述。若直线 L 长度为 n，且直线上点采用长度为 n 的正交基 $|j\rangle$ 表示，则直线 L 的希尔伯特空间由行走方向的正交基和每个点的正交基经张量积运算复合而成，表达为 $\mathcal{H} = \mathcal{H}^2 \otimes \mathcal{H}^n$。由此，直线 L 上希尔伯特空间维度确定为 $2n$。换言之，在直线 L 上，态向量和演化算符的维度均等于 $2n$。进一步，可以定义长度等于 $2n$ 的初始态向量为

$$\left|\psi\left(0\right)\right\rangle = \sum_{j=1}^{n} \alpha_j\left(0\right)\left|j\right\rangle \tag{2-1}$$

式中，$\alpha_j(0)$ 为点 j 在初始时刻对应的概率振幅，直线 L 上全部点的概率振幅满足如下条件：

$$\sum_{j=1}^{n}\left|\alpha_j\right|^2 = 1 \tag{2-2}$$

概率振幅对粒子在直线 L 上的运动情况具有约束作用。一方面概率振幅可以指定粒子从直线上的某个点（或多个点）出发，另一方面概率振幅直接关系测量结果对应的概率分布。为方便观察测量结果，本节仅设定直线上处于中间位置点对应的初始概率振幅为 1，其他点的初始概率振幅均为 0，即指定粒子从直线 L 的中心位置出发。

接着，通过演化算符实现粒子从当前位置点向其邻居跳转的过程。该过程通过抛硬币并判断硬币是正面向上或者反面向上来判断粒子向左 $|0\rangle$ 或向右 $|1\rangle$ 的行走方向，再利用移位算符实现移动。硬币算符是全部行走方向的加总，即 $|0\rangle$ 态和 $|1\rangle$ 态外积的累加，其定义参考公式（1-11），此处记为 H。此外，移位算符使粒子根据抛硬币的行走方向而移动，移位算符 S_L 可表达为

$$S_L = |0\rangle\langle 0| \otimes \sum_j |j+1\rangle\langle j| + |1\rangle\langle 1| \otimes \sum_j |j-1\rangle\langle j| \tag{2-3}$$

式中，$|j+1\rangle$ 表示粒子从点 j 向其左侧邻接点移动，同理，$|j-1\rangle$ 则是向右。演化算符 U_L 由移位算符 S_L 和硬币算符 H 构成：

$$U_L = S_L \cdot \left(H \otimes \hat{I}\right) \tag{2-4}$$

式中，符号 $\hat{I}$ 表示行列数为 n 的单位矩阵。行走过程虽然是先抛硬币再移动，但公式（2-4）将代表抛硬币过程的 $H \otimes \hat{I}$ 算符写在后面，并将代表移动过程的算符 S_L 写在前面。这一顺序由量子计算表达式的书写习惯决定[20]，详细解释参考 1.1.3 节。根据公式（2-1）所定义的态向量和公式（2-4）所定义的演化算符，粒子在直线 L 上的 t 步行走表示为

$$|\psi(t)\rangle = U_L^t |\psi(0)\rangle \tag{2-5}$$

式中，U_L^t 表示应用 t 次演化算符，$U_L^t = \left(U_L\right)^t$。

最后，通过量子测量过程获得粒子在每个点上停留的概率分布。以对点 j 的测量为例，t 步行走后，粒子停留在点 j 上的概率定义为

$$P_j(t) = \left|\langle j|\psi(t)\rangle\right|^2 = \left|\langle j|U_L^t|\psi(0)\rangle\right|^2 \qquad (2\text{-}6)$$

显然，公式（2-6）的计算形式是公式（2-2）计算形式中的一个分量，故

$$\sum_{j=1}^{n} P_j(t) = 1 \qquad (2\text{-}7)$$

本节实验中，粒子在不同位置点上停留的概率最终以概率分布的形式呈现。根据上述定义，设离散时间量子行走发生在一条长度为 201 的直线上，直线的中心点为行走的初始位置，图 2-1 展示了不同行走步长下一维直线上量子行走测得的概率分布结果。

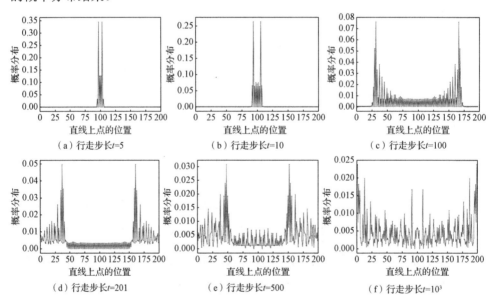

图 2-1　不同行走步长下直线上量子行走的测量结果

关于一维离散时间量子行走，本节有如下分析和结论。当行走步长小于等于直线长度（ $t \leq n$ ）时，测得的概率分布特征与行走步长的奇、偶有关。根据图 2-1（a），直线刻度为 99 和 101 的位置对应的概率值等于 0，而行走的初始位

置点（刻度为 100 的位置）测得的概率大于 0。此外，对比图 2-1（a）、（b），当行走步长分别为 5 和 10 时，初始位置点对应的测量概率值分别大于 0 和等于 0。由此可见，一维离散时间量子行走测得的概率分布与行走步长的奇、偶有关，并且从图 2-1（e）、（f）可知，当行走步长远大于直线长度时，直线上任意点的测量概率均大于 0。

行走步长的大小决定了行走距离的远近以及测得概率分布中的最大值。根据公式（2-7），量子行走既然满足幺正变换的条件，其概率振幅模平方累加和必然恒等于 1。行走步长决定了粒子在直线上的行走距离，而行走距离的长短又决定了这些被遍历过的位置点能被分配到多少概率。例如，图 2-1（a）、（c），从步长为 5 至步长为 100，二者的行走距离由近及远，且二者概率分布的最大值分别接近 0.35 和不足 0.08。这表明当行走步长小于直线长度时（$t \leqslant n$），行走距离与行走步长呈现出正比例关系，即步长越大行走距离越远，且全部节点测量结果的平均占有率（occupancy rate）会随之降低。更多的关于低维离散时间量子行走概率分布中数值特点的结论，可以参考对量子行走测量结果占有率的研究[81]。

当行走步长分别为 500 和 10^3 时，行走步长和测得的概率分布间不存在明显联系。为进一步挖掘二者之间的关系，将不同行走步长下演化算符特征值的实部和虚部分布情况以散点形式可视化并呈现在一个单位复平面（unit complex plane）上，观察其内在关联关系，其结果如图 2-2 所示。图 2-2 中的任意一个散点均由对应特征值的实部和虚部确定。对比图 2-2 中的（a）、（b）、（c）三个子图，行走步长越长，特征值实部和虚部的分布越不均匀。相比图 2-1，随着行走步长增加，测得的概率分布规律性会变差。可以认为，在一维离散时间量子行走中，特征值实部和虚部的分布情况同测量结果的混沌程度高度相关，这也是许多工作认为量子行走测量结果具有混沌性并用来设计随机数生成器的重要缘由[53,82-83]。

2. 二维离散时间量子行走研究

下面将构造由三种不同硬币算符驱动的二维离散时间量子行走，并研究三种二维量子行走测得的概率分布特征。

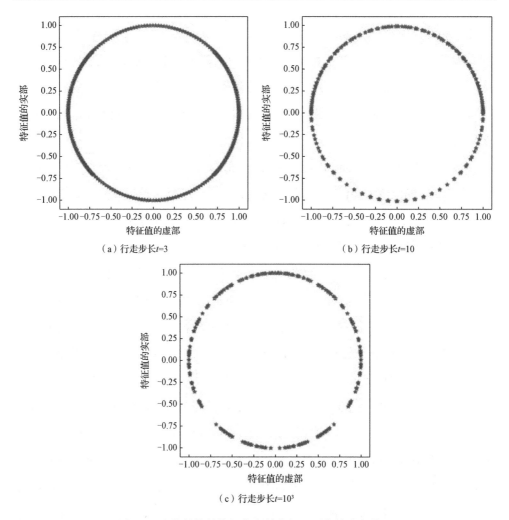

（a）行走步长t=3　　　　　　　　（b）行走步长t=10

（c）行走步长t=10³

图 2-2　演化算符的特征值在单位复平面上的分布结果

二维晶格（two-dimensional lattice）与直线同为规则图，值得注意的是，二维晶格的二维是指横纵两个方向，每个维度上位置点的数量称为长度。在二维晶格中，除边缘位置点，粒子在任意点上的可选择行走方向数量均为 4。因此，一维离散时间量子行走中的$|0\rangle$和$|1\rangle$不足以描述粒子在二维晶格上的可选择行走方向，此时需将$|0\rangle$和$|1\rangle$经张量积运算拉升其维数，扩充其在行走方向选择上的含义。例如，4 个行走方向中向左的行走方向可以表示为

$$|0\rangle \otimes |0\rangle = |00\rangle = (1,0)^{\mathrm{T}} \otimes (1,0)^{\mathrm{T}} = (1,0,0,0)^{\mathrm{T}} \tag{2-8}$$

同理，可以得到余下三个行走方向的标准基，分别记为 $|01\rangle$、$|10\rangle$、$|11\rangle$，其计算形式同公式（2-8）类似，不再赘述。二维离散时间量子行走将所研究的二维晶格抽象为量子态，设 $|\psi_{2d}(0)\rangle$ 为初始时刻量子态；二维晶格上的点类似于二维坐标，因此晶格上任意点 j 均由 x 和 y 两个参数来确定，$|x,y\rangle$ 表示粒子当前在二维晶格上所处位置的标准基；符号 $|j_x,j_y\rangle$ 为粒子在 j 点上可选择行走方向对应的标准基，$j_x,j_y\in\{0,1\}$；设符号 $\alpha_{j_x,j_y,x,y}(t)$ 表示 t 步行走后，在选择 $|j_x,j_y\rangle$ 行走方向时处于 $|x,y\rangle$ 位置点对应的概率振幅。因此，态向量 $|\psi_{2d}(t)\rangle$ 可表示为

$$|\psi_{2d}(t)\rangle=\sum_{j_x,j_y=0}^{1}\sum_{x,y=0}^{n}\alpha_{j_x,j_y,x,y}(t)|j_x,j_y\rangle|x,y\rangle \qquad (2\text{-}9)$$

式中，概率振幅满足模平方之和为 1 的条件：

$$\sum_{j_x,j_y=0}^{1}\sum_{x,y=0}^{n}\left|\alpha_{j_x,j_y,x,y}(t)\right|^2=1 \qquad (2\text{-}10)$$

与直线上粒子在不同位置点间跳转的计算过程类似，二维晶格上粒子的跳转仍依靠由硬币算符和移位算符构成的演化算符。本部分主要讨论三种硬币算符对量子行走概率分布所产生的影响，三种硬币算符分别为 Fourier 硬币算符、Hadamard 硬币算符以及 Grover 硬币算符，三者的定义可以分别参考公式（1-14）、公式（1-11）以及公式（1-15）。尽管本部分采用三种硬币算符作为对比，但粒子在该二维晶格上的移动仅需同一个移位算符，即由三种不同硬币算符驱动的离散时间量子行走共享同一个移位算符。二维离散时间量子行走的移位算符定义为

$$S_{2d}|j_x,j_y\rangle|x,y\rangle=|j_x,j_y\rangle|x+(-1)^{j_x},y+(-1)^{j_y}\rangle \qquad (2\text{-}11)$$

因粒子在二维晶格上可选择的行走方向数为 4，$|x+(-1)^{j_x},y+(-1)^{j_y}\rangle$ 代表了四种不同的移动方向：$|x-1,y-1\rangle$、$|x-1,y+1\rangle$、$|x+1,y-1\rangle$ 和 $|x+1,y+1\rangle$。将上述三个硬币算符记为 C_{coin}，$\text{coin}=\{F,H,G\}$，其中 F、H 和 G 分别代表 Fourier、Hadamard 以及 Grover 硬币算符。由此，二维离散时间量子行走的演化算符可定

义为

$$U_{2d} = S_{2d}(C_{\mathrm{coin}} \otimes \hat{I}) \tag{2-12}$$

结合公式（2-9）对态向量的定义，二维离散时间量子行走的一步行走表示为

$$
\begin{aligned}
|\psi_{2d}(t+1)\rangle &= \sum_{j_x,j_y=0}^{1} \sum_{x,y=0}^{n} \alpha_{j_x,j_y,x,y}(t) S_{2d}\left(C_{\mathrm{coin}} |j_x,j_y\rangle |x,y\rangle\right) \\
&= \sum_{j_x,j_y=0}^{1} \sum_{x,y=0}^{n} \alpha_{j_x,j_y,x,y}(t) C_{\mathrm{coin}} |i_x,i_y\rangle \left|x+(-1)^{j_x}, y+(-1)^{j_y}\right\rangle
\end{aligned}
\tag{2-13}
$$

　　基于上述定义，本部分设计二维离散时间量子行走的实验如下：假设二维晶格的规模为 41×41，粒子的初始行走位置为二维晶格的中心点 $(0,0)$，并对该点的上、下、左、右 4 个行走方向分配均等的概率振幅。根据公式（2-10），四者均设为 0.5，而其他位置点上的初始概率振幅均为 0。以 Hadamard 硬币算符驱动的二维离散时间量子行走为例，初始中心点的概率振幅表示为

$$\alpha_{0,0,0,0}(0) = \alpha_{0,1,0,0}(0) = \alpha_{1,1,0,0}(0) = \frac{1}{2}, \quad \alpha_{1,0,0,0}(0) = -\frac{1}{2} \tag{2-14}$$

　　图 2-3 和图 2-4 分别为行走步长等于 10 和 20 时，由三个不同硬币算符驱动的二维离散时间量子行走的测量结果，其中每个子图右侧的色带均表示在该二维晶格位置点上测得概率值的范围，颜色愈深则对应位置点的测量概率值越高，即粒子有极大概率在对应的位置点上坍缩（停留）。可以发现：在行走步长小于晶格规模时，步长为 10 和步长为 20 实验结果的概率分布的特征是近似的。根据图 2-3 和图 2-4，Fourier 硬币算符对应的概率分布结果在对角方向呈现出非对称性，而 Grover 硬币算符和 Hadamard 硬币算符的概率分布结果无论在何种方向上均呈现出对称性，其中 Fourier 硬币算符和 Grover 硬币算符实验结果中较高的概率值分布在水平方向和垂直方向的两端处，而 Hadamard 硬币算符实验结果中较高的概率值分布在四角。另外，由图 2-3 和图 2-4 可知，Hadamard 硬币算符对应的行走距离最短，而同等初始条件下 Grover 硬币算符对应的行走距离最长。

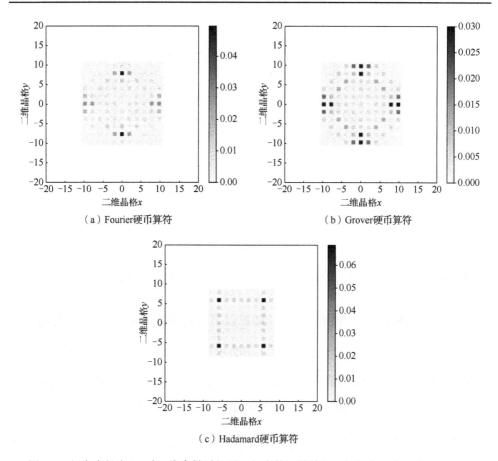

（a）Fourier硬币算符　　　　　　　　　（b）Grover硬币算符

（c）Hadamard硬币算符

图 2-3　行走步长为 10 时二维离散时间量子行走的测量结果（扫封底二维码查看彩图）

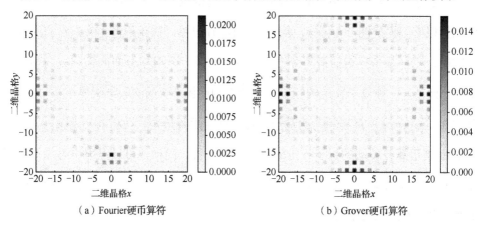

（a）Fourier硬币算符　　　　　　　　　（b）Grover硬币算符

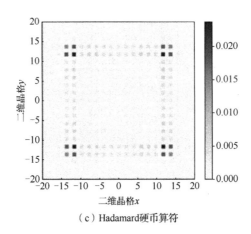

（c）Hadamard硬币算符

图 2-4　行走步长为 20 时二维离散时间量子行走的测量结果（扫封底二维码查看彩图）

　　图 2-3 和图 2-4 中，初始点概率振幅的设定是均等的。图 2-5 给出了行走步长等于 20 时，三种二维离散时间量子行走中初始点概率振幅被设为有偏情况的实验结果，其中中心点 $(0,0)$ 的概率振幅定义为 $\alpha_{0,0,0,0}(0)=1$，即仅指定硬币态为 $|00\rangle$ 的行走方向，其他行走方向上的初始概率振幅均为 0；包括中心点其余三个行走方向的概率振幅同样等于 0，即 $\alpha_{0,1,0,0}(0)=\alpha_{1,0,0,0}(0)=\alpha_{1,1,0,0}(0)=0$。图 2-5 中每个子图右侧色带表示粒子在该二维晶格位置点上测得概率值的范围，深颜色代表更高的测量概率。根据图 2-5 可知，从中心点 $(0,0)$ 出发，在仅选择 $|00\rangle$ 态对应的行走方向时，三种量子行走的概率分布均为有偏结果，且概率分布的偏移方向均为左下角。此外，三种量子行走的行走距离特点相比图 2-4 的实验结果发生明显变化，其中由 Grover 硬币算符驱动的量子行走的行走距离最短，在相同初始条件下，由 Fourier 硬币算符驱动的量子行走的行走距离最长。同样，可以推理中心点概率振幅在其他形式的有偏设定条件下，量子行走的测量结果亦将呈现出有偏分布结果，此处不作类似的重复讨论。

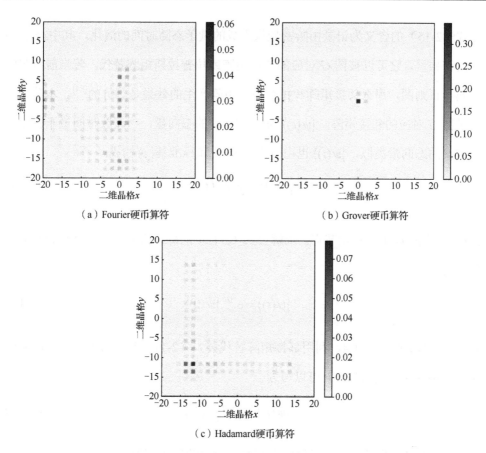

图 2-5　二维离散时间量子行走的有偏实验结果（扫封底二维码查看彩图）

2.1.2　一维连续时间量子行走

同低维图上离散时间量子行走相比，不应当区分连续时间量子行走所依赖的图属于低维图、高维图，或规则图和不规则图，因为连续时间量子行走仅需读入图结构数据对应的邻接矩阵。本节的一维连续时间量子行走是一维直线上连续时间量子行走的简称，相关定义仍然适用于以复杂网络为代表的不规则图。假定连续时间量子行走发生在图 G 上，首先由薛定谔方程提供用以驱动粒子在不同节点间跳转的动力，薛定谔方程可表达为

$$\mathrm{i}\frac{\mathrm{d}}{\mathrm{d}t}\big|\psi(t)\big\rangle = H\big|\psi(t)\big\rangle \tag{2-15}$$

公式（2-15）的含义为记录由哈密顿量生成的量子态随时间的演化，其中符号 H 为哈密顿量，它可以被图 G 对应的邻接矩阵或拉普拉斯矩阵替代。若当前研究的图属于正则图，那么邻接矩阵和拉普拉斯矩阵产生的效果是等价的[84]。本节采用的是图 G 对应的邻接矩阵。$|\psi(t)\rangle$ 为代表图 G 的态向量，同离散时间量子行走中所定义的态向量类似，$|\psi(t)\rangle$ 也由概率振幅 α_j 和标准基 $|j\rangle$ 构成：

$$|\psi(t)\rangle = \sum_j \alpha_j(t)|j\rangle \qquad (2\text{-}16)$$

式中，j 为图 G 中的任意节点。求解公式（2-15）的薛定谔方程，可以得到态向量的演化公式：

$$|\psi(t)\rangle = e^{-iHt}|\psi(0)\rangle \qquad (2\text{-}17)$$

设图 G 的邻接矩阵为 A，利用邻接矩阵替代公式（2-17）薛定谔方程中的哈密顿量 H，则演化公式（2-17）可以写为

$$|\psi(t)\rangle = e^{-iAt}|\psi(0)\rangle \qquad (2\text{-}18)$$

最后，采用量子测量观察粒子停留在每个节点上的概率，得到图 G 上的概率分布。测量方法为

$$P_j(t) = |\alpha_j(t)|^2 \qquad (2\text{-}19)$$

同公式（2-2）和公式（2-10）的含义类似，连续时间量子行走的测量结果同样满足概率之和为 1 的条件。

　　本节以长度为 101 的直线为例，取直线上的中心位置为粒子的出发点，图 2-6 给出了一维连续时间量子行走的测量结果。可以发现，当 t 值远小于直线长度时，随着 t 值的增大，粒子在直线上的行走距离越来越远，且呈现出起始点处测量概率小、两端位置点处测量概率大的特征。

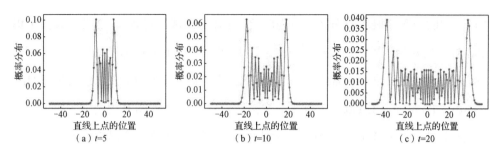

图 2-6　一维连续时间量子行走的测量结果

以上规则图上离散时间量子行走和连续时间量子行走的实验及讨论将为后续复杂网络上量子行走算法的设计和思考提供有力的支撑，相关算法的设计思路详见 2.2.3 节及 2.3 节。为尽可能多角度地展示量子行走的研究成果，下面概要介绍规则图上量子行走的变体研究。

2.1.3　规则图上量子行走的变体研究

离散时间量子行走的变体研究主要体现在粒子数目的扩增，一般以 2 个粒子为例，且大多基于一维直线。在 2 粒子的一维量子行走中，根据粒子所关联行走空间的对称性和非对称性，采用玻色子（bosons）和费米子（fermions）区分两个完全相同的粒子。相关研究的主要结论如下：若 2 粒子具有交互（interaction）或纠缠（entanglement）关系，相同初始条件下 2 费米子的行走距离比 2 玻色子的行走距离更远。而在 2 粒子无交互（distinguishable or separate）时，测得的行走距离长度介于 2 粒子处于交互状态时的行走距离之间[85]。类似的研究方法和结论可以参考文献[86]～[88]，许多研究工作基于此提出了细致的假设并加以验证，例如：Chandrashekar 等[89]假设一种多粒子无交互的情形，实验发现当行走的步数大于粒子数时，多粒子系统的联合测量结果与单粒子量子行走测量结果相似。Rodriguez 等[90]研究了圆环上 2 粒子行走的纠缠动力学，仿真结果表明当硬币算符包含相位参数时，有限步行走后的演化周期和测量结果将更加复杂。Sun 等[91]考虑一维渗流图（percolation graph）上的 2 粒子量子行走，该成果表明在处于动态渗流时，

2 粒子的联合测量概率分布区域更为广泛；而在静态渗流过程中，2 粒子倾向于集中在行走的初始位置。Costa 等[92]针对 2 粒子在晶格上的行走过程提出一个有趣的约束条件：当 2 粒子正面碰撞时，粒子的行走方向发生改变，该约束条件即 HPP（Hardy，Pomeau，de Pazzis）规则。实验结果表明，融合 HPP 规则下多粒子量子行走相比由相位参数控制的量子行走和单粒子量子行走更适合晶格上的空间搜索问题。Carson 等[93]基于谱方法研究正则图和非正则图上 2 交互粒子行走的纠缠动力学，并得到一条关键结论：2 粒子纠缠的量子行走结果能够有效放大（相似）子图间的微小差异。该结论对基于量子行走的图同构（graph isomorphism）判定方法提供了新的设计依据。Berry 等[94]基于上述结论，利用 2 粒子量子行走设计图同构算法，测试结果表明 2 纠缠粒子的量子行走能够区分非同构的强正则图（strongly regular graph），而 2 无关粒子的量子行走能区分具有相同族参数的部分非同构图。然而，有研究认为单粒子量子行走也能放大图结构的细微差异，例如，Zhang 等[52]设计了一种基于离散时间量子行走的 R-卷积图核，实验表明该图核方法能够以高精度快速地区分其他基于量子行走方法难以判定的强正则图。

其他以 2 粒子为例开展多粒子量子行走研究的成果均围绕通用量子计算模型的设计展开[49]。基于多粒子量子行走的研究思路为：定义 2 粒子量子行走模型，给出对应的量子线路图，通过 IBM 等开源平台仿真并验证，其中部分文献会给出证明以验证所提出通用设计模型的计算效率。部分成果还指出了当前多粒子量子行走的可能应用场景。Li 等[95]提出了一种基于 2 粒子交互量子行走的 Hash 方案，并论证了可行性和安全性。该团队进一步采用互信息（mutual information）研究 2 交互粒子测量结果间的相关性[96]，研究表明 2 交互粒子的量子行走有利于设计具有可行性的 Hash 方案。这些基于 2 粒子量子行走的研究果将为图像加密和安全通信领域提供新的技术支撑。

低维量子行走的变体还包括三态（three-state）或多态（multi-state）量子行走[97-100]，以一维三态量子行走为例，三态指在直线的向前和向后两个可选择行走方向基础上增设一个在当前位置点停留的行走方向，称为自环或闭环

（self-loop）。一维三态量子行走中，同等条件下因包含停留在自身的行走方向其行走距离相比一维量子行走更短[99]，且直线上每个位置点的平均占有率（average occupancy）更低[81]。此外，部分低维量子行走变体研究还围绕纠缠熵（entanglement entropy）[101]或带陷阱（traps）和带残缺链路（broken links）的图[102]，其目的在于探索量子行走的测量结果同上述因素之间的关联关系[18]。此类变体研究所提供的更多是理论价值，其应用场景虽然尚不明确，但以残缺链路图上量子行走为代表的研究[102]表明，规则图上量子行走的研究已无法满足实际需求，从规则图转向不规则的复杂网络已然成为量子行走领域新的研究趋势。

当不作特别说明时，包括量子行走在内的量子算法和计算模型均针对的是封闭量子系统（isolated quantum system）。而实际上，量子系统与外界存在着不可避免的交互而无法绝对封闭。因此相对而言，与外界存在交互的系统称为开放量子系统（open quantum system），针对开放量子系统的量子行走则为开放量子行走（open quantum walk）。在开放量子行走的研究中，一般引入另一个量子系统作为辅助，使其同开放量子系统构成一个新的更大的封闭量子系统。例如，2012 年，Attal 等[103]首次利用量子轨迹（quantum trajectory）模拟开放量子行走的演化，并探讨了直线上开放量子行走同封闭量子系统内一维 Hadamard 量子行走间的联系。除此以外，量子行走的变体研究还包括非幺正演化的量子行走（non-Hermitian quantum walks 或 non-unitary quantum walks）[104]、懒惰量子行走（lackadaisical quantum walks 或 lazy quantum walks）[105]、拓扑量子行走（topological quantum walks）[106]以及非周期量子行走（aperiodic quantum walks）[107]等。复合量子系统的空间尤为庞大导致计算量随之加剧，所以上述几类变体研究的目标主要在于：①从低维规则图向高维图扩展并给出泛化的表达形式；②在特定的物理材料上实现变体量子行走；③尝试探讨变体量子行走的极限分布等特点。本书着重关注量子行走在复杂网络上的应用研究，更多的深层次理论分析可以参考文献[21]、[108]、[109]，不再赘述。

2.2 复杂网络上的量子行走

复杂网络属于无规则的图结构，量子行走的应用环境从规则图扩展至无规则的复杂网络将导致量子行走算符的构造方式、粒子在复杂网络上的运动规律以及量子行走测量结果的含义发生重大变化。本节着重分析复杂网络上量子行走算法的设计思想，并给出复杂网络上量子行走算法的一般框架。

2.2.1 复杂网络的研究意义

就像量子力学中习惯性地用粒子描述微观对象一样，人类同样习惯将复杂的研究对象简化并抽象为点。例如，群体智能算法常以点在搜索空间内的运动描述种群的寻优过程[14]；在物体的受力分析过程中，忽略除质量以外的全部信息，将研究对象抽象为质点。进一步，可以沿这一思路，将人视为点，将人与人之间的社会关系视为点间的连线，那么现实的社交关系将被表达为网络。同理，蛋白质及蛋白质之间的物理互锁关系也可以被抽象成由点和边组成的网络。显然，点和边是网络最基本的组成对象，在复杂网络中它们被称为节点（node）和链路（link）。复杂网络中的节点和链路不仅是对复杂对象的简化，它更贴切地表达了一切具有普遍联系的事物。

诗人北岛用一个字"网"，写出他对生活的真切感受。而能用网来描述的，绝不仅有错综复杂的生活。神经元的信息传递与反馈、词语之间的语义联系、武器装备间的协调调度、网页及网页间所包含的引用关系均可以采用节点和链路的形式表达为复杂网络。在网络前冠以复杂二字，是因为网络结构表现出多样性、重复化、自相似特征，并且无序、不规则。在生活中，一些具有级联反应的社会事件将复杂网络的研究价值推向新的高度。2003 年，美国俄亥俄州几条高压线被烧断导致北美全部停电，经济损失达 500 亿美元，8 人在此事故中死亡。2021 年 9 月，中央电视台在黄金档的播放时间推出《主播说联播》节目，针对《新闻联播》中提及的国际热点、社会焦点等话题对广大群众作以积极的舆论引导。2022 年 8 月，

国际权威医学期刊 *The New England Journal of Medicine* 刊登了一项人畜共患的动物源性亨尼帕病毒（henipavirus）的发现工作，媒体由此将拒食野味的倡议再次推向大众。

上述真实案例表明，欲避免网络级联崩溃则要挖掘网络中的关键节点并对其实施特殊保护。同样，利用好网络中的超级传播者，可以加速级联效应的传递，强化其影响。拒食野味的倡议说明，切断网络中传染源同其他节点交互的链路能够起到阻碍病毒传递的作用。

以上涉及的网络节点挖掘、链路挖掘等问题均是复杂网络上的基础研究课题，其目的在于找出网络组成对象中的关键少数。所谓蝴蝶振翅，风袭美洲，复杂网络中关键少数个体的增、删变化均能使整个网络系统发生颠覆性改变。在现实生活中，复杂网络并非绝对静止。社交网络便是一个直观的例子，例如注销账户和取消关注的行为均会使网络丢失节点和链路；反之，大量僵尸账号的涌现也会使网络增添节点。类似的还有大脑神经网络中神经元的死亡、地铁网络的线路扩增以及论文引用关系网络的更新。显然，复杂网络的拓扑结构会随时间推移而演化。换言之，复杂网络所呈现的连接关系具有时效性。在非静止的动态网络中寻找关键少数、预测未知结构信息甚至还原某时刻网络系统的应用更加贴合实际需求。特别是基于复杂网络理论推衍蛋白质间的相互作用、蛋白质网络的功能模块以及寻找蛋白质网络中的致病基因位点，将节省大量的时间成本和经济成本。

沿着"描述一切具有普遍联系事物间的关系"这一特点，复杂网络已然成为一种科学思想。最直观的例子就是搜索引擎对关键词的搜索结果进行排序，它将网页间的引用视为链路并将网页视为节点，新内容、高被引网页往往名列靠前。进一步地，还可以认为复杂网络本身就是一种挖掘工具，其价值在于将乱序数据转化为结构化的关联数据，并在关联数据图的基础上利用复杂网络理论挖掘其他有价值信息。复杂网络的研究对现实生活的指导意义不言而喻，本书将设计用于复杂网络的量子行走算法，并介绍其他新颖的用于挖掘复杂网络结构信息或表征网络节点的量子行走算法。

2.2.2　复杂网络上量子行走综述

首个复杂网络上量子行走的研究工作可以追溯至 2006 年于 *International Journal of Quantum Information* 期刊发表的"Quantum walks on general graphs"[110]。以离散时间量子行走为例,该模型将节点间无规则的连通性信息记录在黑箱中,再利用黑箱设计移位算符使粒子依赖节点间链路关系在图上移动,以此确保演化过程满足幺正变换,最后分析了相应量子线路的资源消耗。一般图上的量子行走作为开端引出了复杂网络上量子行走的研究,相关课题逐步发展且方兴未艾。对于复杂网络上的量子行走,本节将从离散时间量子行走和连续时间量子行走两方面介绍相关进展,其中复杂网络上具有代表性的离散时间量子行走可划分为两类:复杂网络上带硬币的量子行走(coined quantum walks)和复杂网络上的 Szegedy 量子行走。

1. 复杂网络上带硬币的量子行走

顾名思义,硬币算符是带硬币量子行走的核心。因为由不同硬币算符构成的演化算符其特征值不同,进而演化结果也不尽相同,对求解问题的有效性也存在差距。这一观点在基于矩阵谱分解方法的量子计算研究上有着强烈的体现[3,22,111]。复杂网络上带硬币的量子行走中,Grover 算符是应用最为广泛的硬币矩阵。Schofield 等基于原始 Grover 算符的定义形式,将节点的度值和邻接关系代入硬币算符,该量子行走方法能以 $O(N^9)$ 的时间复杂度解决 NP 完全的图同构问题[112],N 为网络节点数量。Wang 等将节点的标准基同 Grover 算符的定义形式融合,定义了由 Grover 硬币算符驱动的量子行走,并应用于节点相似性评估[113]和角色嵌入[114],同样采用了该硬币算符的还有文献[115]。Mukai 等[111]定义了复杂网络上的 Grover 硬币算符和 Fourier 硬币算符,将不同演化算符的实部和虚部特征值作为散点,投射在一个单位复平面(unit complex plane)上以单位圆的形式呈现。文献[111]假设当特征值对应的散点分布更为均匀时硬币算符更有利于挖掘复杂网络的社团模块，并在著名的开源空手道俱乐部社交网络和美国航线网络上验证了这一假设的正确性。Chawla 等[116]根据节点的出度和入度信息构造含参的硬币算符，基于一维离散量子行走对复杂网络中节点的关键性进行排序。

2. 复杂网络上的 Szegedy 量子行走

复杂网络上另一类重要的离散时间量子行走模型是 Szegedy 量子行走，它将网络上节点的权重信息代入初始概率振幅并使演化满足幺正变换，这也是著名的基于马尔可夫链的具有加速搜索特性的量子算法[37]。相比带硬币的量子行走，Szegedy 量子行走属于无硬币的量子行走（coinless quantum walks）。Wong[117]进一步揭示了 Szegedy 量子行走和带硬币量子行走在查询标记点之间的等价关系，并指出前者在一维直线上的例外情况[118]，更加清晰地展示了 Szegedy 量子行走的应用和限制。Szegedy 量子行走的出现为网络分析问题的解决提供了新方案。2013 年，Paparo 等[119-120]基于该量子行走将谷歌著名的 PageRank 算法扩展至量子版本，实验表明量子 PageRank 算法不仅能够有效对网络节点的重要性进行排序，还能清楚地划分网络结构的层次信息。Loke 等[121]基于不同类型的随机网络对比了经典 PageRank 和量子 PageRank 的异同，并验证了量子 PageRank 算法能够有效区分网络中边缘节点的差异。白晓梅[122]基于 Szegedy 量子行走设计了一种高阶加权的论文影响力评估方法，该方法能够有效识别引文网络中的关键节点。王会权[33]提出一种具有双功能的搜索排序集成算法，该算法将量子 PageRank 算法的演化算符融入标记节点信息构成包含搜索功能的演化算符，实验表明该算法在对网络关键节点有效排序的同时，还能快速地搜索到标记节点。

3. 复杂网络上的连续时间量子行走

起初，连续时间量子行走同复杂网络的结合充满未知和挑战。2008 年，Xu 等[123]基于 ER（Erdös-Rényi）随机网络，得出了连续时间量子行走的概率分布中粒子初始位置的测量概率偏高这一结论。Faccin 等[124]以经典连续时间随机行走为参考，在复杂网络上对比了连续时间量子行走的概率分布特点。该项研究得到一个关于网络结构挖掘的有趣结论：连续时间量子行走的哈密顿量如果是图的归一化拉普拉斯矩阵，则更有利于挖掘网络的关键节点。类似的探讨性工作还有文献[125]、[126]，二者基于连续时间量子行走分别研究了网络上的传输效率并对比了同经典随机行走间的异同。2014 年，Faccin 等[127]再次基于连续时间量子行走设计节点间的亲密度公式来划分网络的社团结构，实验表明量子行走的测量结果能够反映出网络的结构特征。作为量子计算的通用计算模型，连续时间量子行走在复杂网络上的应用总能使人联想到空间搜索问题。Chakraborty 等[128]基于连续时间量子行走提出的插值马尔可夫链可以在任意图上搜索单个标记点，且搜索效率仅为经典搜索算法的根号时间。针对无标度网络，Osada 等[129]发现基于连续时间量子行走搜索标记点时，搜索效率同被标记节点是否为中心节点有关。Li 等[130]通过对强正则图（strongly regular graph）增加自环来提升连续时间量子行走搜索多个标记点的效率，实验结果表明当连续时间量子行走的跳转比率（jump rate）设为 $1/k$ 时，该方法可以在 $O(\sqrt{N})$ 内搜索多个标记点，其中 k 为强正则图的度数。Chakraborty 等[75]证明针对连接概率为 p 的 ER 网络，当满足关系 $p \geqslant \log^{3/2}(N) / N$ 时，采用连续时间量子行走搜索标记点为最佳的搜索方法，其中 N 为网络节点数。上述成果为连续时间量子行走在复杂网络结构挖掘领域中的应用提供了坚实的理论依据。另一项引人注目的成果便是基于连续时间量子行走的量子 PageRank 算法[131]，相比由 Szegedy 量子行走扩展而来的量子 PageRank 算法，二者虽然均能识别复杂网络关键节点，但前者属于开放系统量子行走，且其在现有计算机上仿真实现所需的计算开销巨大[121]。

4. 复杂网络上量子行走评述

根据以上描述，复杂网络上量子行走在应用层面的研究尚处于新兴阶段，也存在不足之处，对此本节有如下分析。

研究者为追求在量子设备上以尽可能低时耗运行的目标，降低了对量子行走在复杂网络结构挖掘问题上求解精度的要求，并且受限于幺正变换等条件，已有算法仅能以朴素的量子行走模型求解问题，即简单地判断某个量子行走模型的测量结果在目标任务上是否能够带来效用[132]。以连续时间量子行走为例，这种应用形式将网络邻接矩阵直接置入薛定谔方程的解中以获得演化算符，再经过测量对比不同节点在网络中的重要程度。实际上，量子行走的测量结果会受到多方面的影响，包括行走的初始位置、行走步长、有无自环等诸多条件。上述因素没能被已有工作充分利用，导致量子行走算法在复杂网络应用问题上的计算结果不太令人满意。

另外，面向量子计算机而设计复杂网络上的量子行走算法存在诸多受限因素，而解决实际问题的需求往往是迫切的。保留量子计算中具有优势的理论并适当舍弃量子算法的个别约束能为复杂网络结构信息挖掘算法的设计提供新思路。特别是量子行走算法以网络的邻接矩阵作为输入信息相当于获取网络的全局信息，而全局度量所获得的精度往往高于局部度量。在这种全局信息中恰当地融入局部信息能够使得复杂网络结构挖掘任务的精度极大提高。量子测量过程类似于对具体问题中节点或链路打分的过程，此过程中可以加入一些已知信息修正节点或链路的分值以提高求解精度。相比复杂网络应用问题的解决，量子计算机的研发尚需漫长的时间。因此，可以考虑仅保留量子计算中的优势部分设计网络结构挖掘算法，为量子行走在复杂网络中应用提供新的思路。沿袭以上思考，本书将设计若干量子行走算法用以挖掘复杂网络中有意义的结构信息，并介绍极具代表性和新颖性的量子行走在复杂网络中的应用成果。

2.2.3　复杂网络上量子行走算法的设计

根据 2.1 节的实验分析以及 2.2.2 节对复杂网络上量子行走算法的评述，本节进一步明确如何设计复杂网络上的量子行走算法。该部分围绕行走步长、初始概率振幅、演化算符以及向复杂网络扩展时所衍生出的新问题展开分析，提供具有启发意义的思考。

1. 行走步长的设定

首先可以明确：复杂网络上量子行走的行走步长不能趋于无穷而再取平均[132]。一方面，无穷步长下所产生的庞大计算资源消耗将导致复杂网络上的量子行走算法失去可行性；另一方面，复杂网络上量子行走测量结果的周期规律极为复杂甚至不可度量。以复杂网络上离散时间量子行走为例，粒子的每一步行走都是可以被测量的，这相当于粒子以出发节点为基准执行一次广度优先搜索，显然行走步长不宜趋于无穷再取平均。相比离散时间量子行走，复杂网络上的连续时间量子行走则具有特殊性。因无法以"一步行走"为间隔来观察行走结果，所以粒子在某个节点上概率振幅变化的周期将成为测量结果的主要依据。图 2-6 的实验结果表明，行走距离相当于自初始点统计的概率振幅传递范围，这一传递过程同信息的扩散是类似的，信息扩散仅能在有效范围内发生。因此，在复杂网络上的连续时间量子行走中，行走的时间参数（对应离散时间量子行走的行走步长）也应为一个偏小的值。除此以外，根据图 2-2 的实验结果，不同行走步长将导致演化算符产生不同的特征值。特征值在复杂网络中直接关系到网络系统关键节点（组）计算的准确性[133]，可见行走步长不仅不能取值过大，并且应当有据可依。本书将利用上述研究思路，在第 3 章基于连续时间量子行走设计信息传播模型，并设计用于挖掘网络关键节点的三度衰减 Grover 行走算法。

2. 概率振幅的设定

综合 2.1 节实验部分呈现的结果，不难得到如下结论：预设的初始概率振幅可以决定粒子的行走路径。在复杂网络中，应当从离散和连续两个角度分别考虑这一结论对量子行走算法设计的参考价值。通过希尔伯特空间维数同网络节点数量的比较可知，复杂网络上离散时间量子行走的演化是一种膨胀变换，而连续时间量子行走的演化算符行列数则不发生变化，其演化并非膨胀的。显然，采用离散时间量子行走挖掘网络结构信息时，若对每个节点设置不同的初始概率振幅以规定其行走路径，再测量粒子停留在每个节点上的概率将消耗大量的计算。相对而言，连续时间量子行走算法更为适宜对每个节点设置独立的初始概率振幅，因为其计算量远少于离散时间量子行走。换言之，离散时间量子行走算法不宜打破量子态（均等）叠加的设定习惯。

3. 演化算符的构造

根据 2.1 节的实验可知：在低维离散时间量子行走中，不同硬币算符反映出的部分特性在复杂网络中变得不再重要。譬如在复杂网络上，因为离散时间量子行走的每一步行走相当于执行一次层序遍历，这种特性不会因硬币的不同而发生改变，所以不同硬币导致行走距离的远近将失去意义。硬币算符在复杂网络中的作用笼统地讲仍然是用于选择下一步的行走方向，但应当严格区分为是有偏还是无偏的，并且要针对具体研究问题来确定合适的硬币。以关键节点的挖掘问题为例，节点的度是最为直观的一项局部评价指标，从这一视角分析，包含节点度信息的有偏 Grover 矩阵可能更适宜充当硬币算符。类似应用还包含利用有偏的 Fourier 硬币挖掘网络社团结构的研究[111]。针对本书所研究的关键链路挖掘问题，无偏 Hadamard 矩阵更适宜作为行走的硬币算符，因为评价一条链路的重要程度主要依赖节点相似性信息，而有偏硬币无法更好地反映出相似性这一特征。

另外，离散时间量子行走的演化算符还包括用于实现粒子在不同节点间移动的移位算符。复杂网络属于无规则的图结构数据，只有当复杂网络上量子行走的移位算符所发挥的作用为翻转或交换时，即粒子在节点 j 和节点 k 间的移动过程可逆时（节点 j 和节点 k 互为邻居），才能满足幺正变换的条件。因此，无特殊说明时，本书所指的复杂网络均为无向复杂网络。

4. 衍生问题的分析

量子行走过程中粒子在不同节点间的移动可以看作粒子对图结构的遍历。以 2 步行走为例，经典随机行走和量子行走的遍历结果可参考图 2-7，同样作为 2 步行走，量子行走访问的节点数量为 7。进一步，可以想象当量子行走的行走步长大于网络直径时，量子行走将存在大量的重复访问行为。从低维量子行走到复杂网络上的量子行走，量子行走算法应用于网络结构信息挖掘所面临的一个主要问题正是重复访问带来的负面作用。沿用经典随机行走中的描述习惯，将此类负面作用称为回溯（traceback 或 tottering）。并且根据量子行走在空间搜索上的加速特性可知：量子行走访问网络节点的速度比经典随机行走更快，因此回溯带来的负面作用也更加突出。这将导致粒子的测量结果随着行走步长的变化而摇摆不定，并背离有利于网络结构信息挖掘的评价指标。

回溯的产生同量子叠加的干涉效应紧密相连，并通过概率振幅和标准基等概念以矩阵乘法的形式包含在计算中，所以回溯在量子算法中无法根除，仅能通过施加干预来降低其带来的负面作用。本书设计了四种用以降低回溯负面作用的方案，包括指定行走路径（参考 3.3.3 节）、设定有意义且极短的行走步长（参考 3.2.3 节）、添加节点自环（参考 3.2.3 节和 4.3.2 节）、无测量量子行走（参考 5.2.1 节）。除了面向复杂网络结构信息的挖掘任务，克服复杂网络上量子行走中回溯的负面作用是贯穿本书量子算法设计的另一条线索。

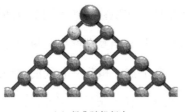
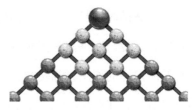

（a）经典随机行走　　　　　　　　　　　（b）量子行走

图 2-7　2 步行走后经典随机行走和量子行走的遍历结果（扫封底二维码查看彩图）

2.3　本书量子行走算法的一般框架

为方便后续章节对复杂网络上量子行走算法的描述，本节根据量子力学基本假设和非量子算法设计之间的关系，设计并介绍复杂网络上量子行走算法的一般框架。1.1.4 节介绍了量子力学的四个基本假设，若按照四个基本假设的内容和顺序定义复杂网络上的量子行走算法，则复杂网络上量子行走算法的定义和描述将存在大面积重叠和交叉。例如，定义态空间首先需要定义约束粒子运动的希尔伯特空间，希尔伯特空间须依赖粒子在网络上行走的可选择方向而定义；而演化算符的构造一方面依赖希尔伯特空间提供维度信息，另一方面还要求粒子在图上节点间的移动满足幺正变换的约束；而复合系统指明了复杂网络上的希尔伯特空间是由网络节点和节点的邻域信息复合而成的，其构成依赖移位算符和硬币算符的乘积。显然，相关定义在内涵上是相互交织、彼此重复的，因此需要给出复杂网络上量子行走算法独有的设计框架，图 2-8 解释了该框架的内容及设计依据。

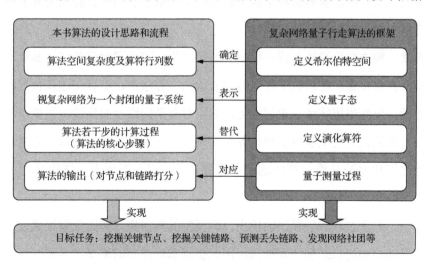

图 2-8　复杂网络上量子行走算法的一般框架

首先，复杂网络上量子行走算法的第一要义在于定义复杂网络上的希尔伯特空间。该空间一经定义，意味着：①网络上每个节点可选择的行走方向数量已经根据节点的数量或度值而得以确定；②量子态的长度必须同希尔伯特空间的维数相等；③演化算符作为量子行走算法的核心，其行列数必须同希尔伯特空间维度相等以满足矩阵乘法的运算要求；④算法的空间复杂度将得以确定，因为量子行走在现有计算机上的仿真须以矩阵和向量的计算形式表达。对照 1.1.4 节量子力学的基本假设，将希尔伯特空间的定义作为量子行走算法的一般框架的第一步，已经具备了态空间、酉演化以及复合系统所必需的要素。

其次，在复杂网络希尔伯特空间已经定义的基础上，该框架的第二步为定义初始量子态，包括定义复杂网络节点的标准基及概率振幅。概率振幅作为量子态中不可分割的一部分可以根据研究问题的需要而设计。例如，在满足概率振幅平方之和为 1 的条件下，单独设计一种贴合实际需求的概率振幅分配方案，此时量子态中的初始概率振幅描述的是粒子在初始时刻停留在不同节点上的状态，直接关乎量子测量的结果。如此定义，量子态不仅代表待研究复杂网络的整体，还包含了有利于实际问题求解的粒子运动状态，因此量子态的定义被列为量子行走算法一般框架的第二步。

再次，构造演化算符为该一般框架的第三步，该步骤对应传统（非量子）算法的核心计算步骤。在以量子行走为代表的诸多算法中，不存在逐步执行的复杂操作步骤，仅利用矩阵乘法求解实际问题。对复杂网络上的离散时间量子行走算法而言，其演化算符至少包括移位算符和硬币算符两个部分，其构造方式较为复杂，加之演化算符是量子算法的核心计算步骤，因此被列为算法设计框架的第三步。

最后，测量过程对应算法的输出，即框架的第四步。前面反复提到过，矩阵是量子算法核心的表达和计算形式，因此根据求解任务的需要对复杂网络上每个节点进行打分，就要将节点同矩阵的分量分组对应（部分矩阵属于膨胀变换）或一一对应，为节点、链路或子图结构评分，以此来实现复杂网络上不同的结构挖掘任务。

2.4　本章小结

本章介绍了规则图上量子行走的基础理论,并对复杂网络、规则图上的量子行走及复杂网络上的量子行走研究加以综述。通过探讨规则图上量子行走的实验现象,多角度地分析了复杂网络上量子行走算法的设计思路,给出用于描述和定义复杂网络上量子行走算法的一般框架。本书后续章节将采用该框架描述复杂网络上的离散时间量子行走算法。

第3章 量子行走在网络节点挖掘中的应用

3.1 复杂网络节点挖掘定义及评价指标

节点是复杂网络基本的组成对象之一。假设移除处于复杂网络中心的某个节点，该网络可能将被瓦解成若干独立的子网络；如果移除处于复杂网络边缘位置的节点（悬挂节点），网络受到的影响则极为有限。由此可见，节点在网络中的重要程度存在差别，关键节点的增、删给整个网络系统带来的改变极有可能是颠覆性的，因此挖掘复杂网络中的关键节点已经成为病毒营销、舆论扩散以及电网保护等应用的核心任务[134-136]。在复杂网络中，超级传播者、高影响力节点、种子节点和中心节点同关键节点的概念等价，且节点排序与关键节点挖掘为同一任务。评价节点是否为关键节点，需依赖具体的评价方法来量化，常见的评价方法包括易感-感染-恢复（susceptible-infected-recovered，SIR）模型[137]、鲁棒性指标（robustness index）[137]、肯德尔系数（Kendall coefficient）[138]以及影响力最大化（influence maximization）[139]。

SIR 模型的评价方法依靠模拟传染病的传播结果评估节点在网络中的重要性[137]，在该模型中节点的状态仅能为以下三种之一：易感态、感染态、恢复态。假设待评估的节点 u 为患病节点，该节点在预设的传染概率下向自己的邻域节点级联式地传播疾病，在此过程中存在患病节点痊愈的可能，最终网络中患病节点数量即为节点 u 的重要性评分。该过程具有随机性，通常重复计算 10^3 次取均值作为节点 u 的最终分值，均值越大的节点其影响力越高，即在网络中越重要。

鲁棒性指标计算的是待评估节点从网络中移除后整个网络的瓦解程度[137]。如果节点 u 被移除后，网络被支离破碎地拆解为若干个独立子图，则节点 u 在网络中尤为重要；若网络结构未遭到破坏，则节点 u 在整个网络系统中的重要性相对

较低。给定复杂网络 $G=(V,E)$，V 和 E 分别表示网络的节点集合和链路集合，$E\subseteq V\times V$，设网络 G 的节点数为 N，链路数为 M，即 $|V|=N$ 且 $|E|=M$。假设在移除第 ξ 个节点后，网络的瓦解程度采用最大连通分量节点数同网络节点总数之比 $\sigma(\xi/N)$ 表示，对整个网络系统而言，将网络全部节点逐个移除后，鲁棒性指标可定义为

$$R=\frac{1}{N}\sum_{\xi=1}^{N}\sigma\left(\frac{\xi}{N}\right) \tag{3-1}$$

式中，$1/N$ 用于归一化度量结果，故 $R\in(0,1)$。$\sigma(\xi/N)$ 的值越小，说明在移除该节点后，网络经瓦解得到的连通分量的规模越小，则 R 值越小的节点在复杂网络中越重要。

肯德尔系数是一种借助已有算法来评价某个算法对关键节点排序能力的间接性评估指标，它通过不同算法对关键节点度量值之间的相关性来判断算法在评估关键节点方面的性能。简单而言，利用肯德尔系数评价算法评估节点重要程度的准确性时，要将两种算法对节点的度量结果看作两个分布，分别记为 X 和 Y，其中 $X=\{x_i|i=1,2,\cdots,N\}$，$Y=\{y_i|i=1,2,\cdots,N\}$。如果一对测量值 (x_j,y_j) 和 (x_k,y_k) 为正相关，则对正相关统计量的计数器 N_c 加 1；若二者为负相关，则对负相关统计量 N_d 加 1。由此，肯德尔系数 τ 可定义为

$$\tau=\frac{N_c-N_d}{0.5N(N-1)} \tag{3-2}$$

式中，N_c 和 N_d 的计算方法为

$$\begin{cases} N_c=N_c+1, & \left[(x_j>x_k)\cap(y_j>y_k)\right]\cup\left[(x_j<x_k)\cap(y_j<y_k)\right]=T \\ N_d=N_d+1, & \left[(x_j<x_k)\cap(y_j>y_k)\right]\cup\left[(x_j>x_k)\cap(y_j<y_k)\right]=T \end{cases} \tag{3-3}$$

影响力最大化是评价网络节点影响力大小的经典应用，属于 NP 问题，其研究目标为找到极具影响力的种子节点，进而使信息在网络中覆盖的传播范围尽可

能地广[139]。设影响传播函数（或称延展度函数）为 $\delta(\cdot)$，输入的种子集为 S，该种子集规模小于预算 l，即 $|S| \leqslant l$，其中 $l \ll N$ 且 $S \subseteq V$，影响力最大化的目标函数[134]定义为

$$S^* = \underset{|S| \leqslant l; S \subseteq V}{\arg\max} \delta(S) \qquad (3\text{-}4)$$

随着种子集规模扩大，影响力的传播结果也会增长，并且这种增长符合边际效应（marginal effects），即随种子集规模扩大传播结果的增量是递减的。因此，公式（3-4）的目标函数具有单调性（monotonicity）、非负性（non-negativity）和次模性（submodularity）[139]。单调性、非负性和次模性共同决定影响力最大化应用以种子节点传播结果的最大化为依据评价算法对关键节点的挖掘性能。

上述 SIR 模型、鲁棒性指标、肯德尔系数以及影响力最大化是本章量子行走算法在复杂网络关键节点挖掘任务中的评价依据。

3.2　离散时间量子行走在节点挖掘中的应用

本节介绍三种挖掘网络关键节点的离散时间量子行走算法，三种算法均参照 2.3 节的一般框架进行描述。

3.2.1　量子谷歌网页排序算法

目前，量子版本的谷歌网页排序（PageRank）算法包括基于离散时间[119]和基于连续时间[131]两种版本。本节介绍前者——基于 Szegedy 量子行走[37]的量子 PageRank 算法[119]，以下简称 QPageRank 算法。在利用 Szegedy 量子行走和概率转移矩阵将经典 PageRank 算法量子化的过程中，QPageRank 算法不仅解决了概率转移矩阵作为初始参数引入量子行走中导致演化不满足幺正变换条件的难题，还能实现对复杂网络中心节点的准确排序。

参照 2.3 节针对离散时间量子行走算法的一般框架，首先定义 QPageRank 算

法的希尔伯特空间 $\mathcal{H}$。由于 Szegedy 量子行走是基于马尔可夫链定义的,它将网络图中节点的链路关系转化为二部分图[37],其中二部分图的每一部分均由节点集 V 构成,而 $|V| = N$,因此 QPageRank 算法的希尔伯特空间 $\mathcal{H}$ 定义为

$$\mathcal{H} = \mathcal{H}^N \otimes \mathcal{H}^N \tag{3-5}$$

根据公式(3-5)及公式(1-8)中张量积的运算特点,针对复杂网络 G,QPageRank 算法的希尔伯特空间维数为 N^2。采用标准基 $|j\rangle$ 表达网络中的任意节点 $j \in V$,采用 $|j,k\rangle$ 表示节点 j 和节点 k 间的链路关系,由此可以构造复杂网络任意节点 j 的初始态 $|\psi_j\rangle$,该过程利用概率转移矩阵设定全部的初始概率振幅,即

$$\begin{aligned}|\psi_j\rangle &= |j\rangle \otimes \sum_{k=1}^{N} \sqrt{P_{kj}^G} |k\rangle \\ &= \sum_{k=1}^{N} \sqrt{P_{kj}^G} |j,k\rangle \end{aligned} \tag{3-6}$$

式中,P_{kj}^G 表示概率转移矩阵中第 k 行第 j 列的元素。叠加全部节点的初始态,则能得到 QPageRank 算法对网络系统 G 的初始量子态,计算方法为

$$|\psi_0\rangle = \frac{1}{\sqrt{N}} \sum_{j=1}^{N} |\psi_j\rangle \tag{3-7}$$

接着定义 QPageRank 算法的演化算符,该演化算符由投影算符(projection operator)和移位算符复合而成。参考 1.2.1 节 Grover 搜索算法中反射算符的描述,投影算符 $\hat{\Pi}$ 定义为

$$\hat{\Pi} = \sum_{j=1}^{N} |\psi_j\rangle \langle \psi_j| \tag{3-8}$$

移位算符在 QPageRank 算法中的含义为从当前节点向其邻域中的节点跳转,该过程可逆,因此移位算符定义为

$$\hat{S} = \sum_{j,k=1}^{N} |j,k\rangle \langle k,j| \tag{3-9}$$

根据公式（3-8）的投影算符和公式（3-9）的移位算符，QPageRank 算法的演化算符定义为

$$\hat{U} = \hat{S}(2\hat{\Pi} - \hat{I}) \tag{3-10}$$

式中，$\hat{I}$ 表示单位矩阵。QPageRank 算法采用的是两步演化，计算方法为

$$\hat{U}^2 = (2\hat{S}\hat{\Pi}\hat{S} - \hat{I})(2\hat{\Pi} - \hat{I}) \tag{3-11}$$

采用两步演化的目的是要确保 QPageRank 算法的演化过程满足幺正变换的条件[117,121]。最终，经 t 步行走后，对网页 j 或网络节点 j 的评分采用如下的测量过程实现：

$$\mathrm{Pro}(j,t) = \langle \psi_0 | \hat{U}^{\dagger 2t} | j \rangle_2 \langle j | \hat{U}^{2t} | \psi_0 \rangle \tag{3-12}$$

式中，$\hat{U}^{\dagger 2t}$ 为 $\hat{U}^{2t}$ 的共轭转置。QPageRank 算法为量子行走在复杂网络中的应用提供了重要参考，例如，王会权[33]基于 QPageRank 算法提出了既能给关键节点排序又能搜索标记点的集成算法，白晓梅[122]基于该算法挖掘引文网络中的关键节点。QPageRank 算法不仅将 PageRank 算法扩展至量子计算机上运行，还解决了 PageRank 算法中排名靠后节点影响力较难区分的问题，因此它被认为是量子计算中较为成功的算法之一。

3.2.2　含参的硬币量子行走算法

含参的硬币量子行走（coined quantum walk with parameters，CQWP）算法由 Chawla 等[116]定义，该算法基于一维离散时间量子行走，将复杂网络节点的出度（outgoing degree）和入度（incoming degree）信息代入硬币算符参与演化，结果表明该算法适用于有向无环复杂网络的关键节点识别。仍然参照 2.3 节的一般框架，首先定义该算法的希尔伯特空间。根据 2.1.1 节，一维量子行走的希尔伯特空间维数同粒子可选择行走方向数（直线上为 2）和网络节点总数相关，则有

$$\mathcal{H} = \mathcal{H}^2 \otimes \mathcal{H}^N \tag{3-13}$$

根据公式（3-13），初始态向量和演化算符的行列数均为 2N。顺次定义 CQWP 算法的初始态向量 $|\psi(0)\rangle$ 为

$$|\psi(0)\rangle = \left(\frac{|0\rangle+|1\rangle}{\sqrt{2}}\right) \otimes \sum_{j=1}^{N} \frac{1}{\sqrt{N}}|j\rangle \qquad (3\text{-}14)$$

式中，$|0\rangle$ 和 $|1\rangle$ 分别代表一维直线上的两个行走方向。进一步，根据硬币算符和移位算符的乘积定义该算法的演化算符，参考一维直线上量子行走，移位算符定义为

$$S_{\pm} = \begin{cases} \sum_{j=1}^{N} |0\rangle\langle 0| \otimes |j\pm 1\rangle\langle j| + |1\rangle\langle 1| \otimes |j\rangle\langle j| \\ \sum_{j=1}^{N} |0\rangle\langle 0| \otimes |j\rangle\langle j| + |1\rangle\langle 1| \otimes |j\pm 1\rangle\langle j| \end{cases} \qquad (3\text{-}15)$$

CQWP 算法的硬币算符中包含节点的度信息，结合 SU(2)酉矩阵［参考公式（1-16）］的构造形式，该硬币算符被定义为

$$C = \sum_{j=1}^{N} \begin{pmatrix} \sqrt{\dfrac{1}{\alpha_j+1}} & \sqrt{\dfrac{\alpha_j}{\alpha_j+1}} \\ \sqrt{\dfrac{\alpha_j}{\alpha_j+1}} & -\sqrt{\dfrac{1}{\alpha_j+1}} \end{pmatrix} \otimes |j\rangle\langle j| \qquad (3\text{-}16)$$

式中，$|j\rangle\langle j|$ 用于匹配节点 j 与其对应的度值信息；α_j 与节点的度值和权重相关，定义为

$$\alpha_j = \frac{|N_{\text{in}}(j)|}{|N_{\text{in}}(j)| + |N_{\text{out}}(j)|} \qquad (3\text{-}17)$$

其中，$N_{\text{in}}(j)$ 和 $N_{\text{out}}(j)$ 分别表示节点 j 的入度和出度邻居集。由此，演化算符即为移位算符和硬币算符的乘积，即 $S_{\pm} \cdot C$。CQWP 算法规定，按如上定义计算网络节点重要程度时，使用演化算符 50 次再取平均即可得到收敛的排序结果[116]。

　　由于 3.2.1 节的 QPageRank 算法和本节的 CQWP 算法均以经典 PageRank 算法作为对比，故本节针对同一网络数据，比较 QPageRank 算法和 CQWP 算法在关键节点排序上的性能表现。以图 3-1（a）中的网络为实验数据，图 3-1（b）给出了三者对网络节点度量值的排序结果，表 3-1 为 QPageRank 算法和 CQWP 算法对不同节点的度量值，其中括号内的数值为当前算法同 PageRank 算法对相同节点重要性度量值的标准差。通过上述实验结果可以发现：QPageRank 算法和 CQWP 算法的排序结果相同，但二者同 PageRank 算法的排序结果略有差距。这意味着以 PageRank 算法的排序结果为参考，二者为关键节点排序应用提供了有效且新颖的量子方法，但与此同时也说明离散时间量子行走对关键节点的排序结果并非完全依赖网络拓扑而计算。

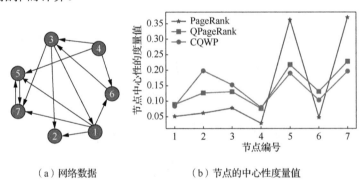

（a）网络数据　　　　　　　　（b）节点的中心性度量值

图 3-1　QPageRank、CQWP 及 PageRank 算法的网络数据和实验结果

表 3-1　QPageRank 算法、CQWP 算法同 PageRank 算法计算结果的对比

节点	QPageRank	CQWP	PageRank
1	0.0890（0.00217）	0.0838（0.00185）	0.0510
2	0.1265（0.00503）	0.1984（0.00658）	0.0619
3	0.1306（0.00403）	0.1529（0.00444）	0.0779
4	0.0076（0.00146）	0.0796（0.00251）	0.0289
5	0.2177（0.01110）	0.1903（0.00723）	0.3624
6	0.1313（0.00494）	0.1034（0.00323）	0.0480
7	0.2282（0.01054）	0.1967（0.00791）	0.3699

3.2.3　三度衰减 Grover 行走算法

本节提出一种由 Grover 硬币算符驱动的量子行走算法[140]，受三度影响原则启发，该算法创新性地将量子行走步长控制在 3 步内，并赋以衰减系数累加 1 步、2 步和 3 步行走的测量结果，以下简称三度衰减 Grover 行走算法。根据 SIR 模型、肯德尔系数和鲁棒性指标的实验结果，本节提出的三度衰减 Grover 行走算法能够减小回溯带来的负面作用，并准确地挖掘复杂网络的关键节点。根据 2.3 节的一般框架，图 3-2 给出了三度衰减 Grover 行走算法的框架图。

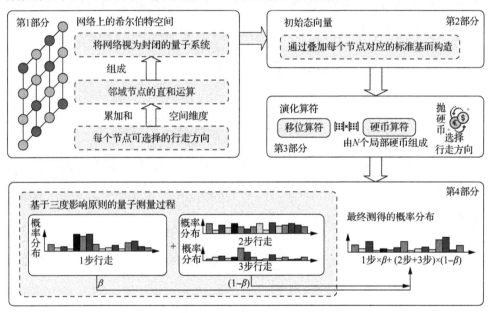

图 3-2　三度衰减 Grover 行走算法的框架

1. 三度衰减 Grover 行走算法的设计

首先，为复杂网络 G 中每个节点添加一个自环，得到网络 $G' = (V, E')$，由于 $|V| = N$ 且 $|E| = M$，故 $|E'| = M + N$。自环的作用与三态量子行走中增设的第三态类似[97]，它可以提高测量结果中粒子停留在初始节点的概率，以此间接降低回溯的负面影响。根据 2.3 节一般框架的定义顺序，本节考虑使用直和运算将每个节

点对应的空间累加，定义为

$$\mathcal{H} = \mathcal{H}_1 \oplus \mathcal{H}_2 \oplus \cdots \oplus \mathcal{H}_N \tag{3-18}$$

式中，$\mathcal{H}$ 是由节点 j 对应的希尔伯特空间 $\mathcal{H}_j$ 复合而成的，$\forall j \in V$。希尔伯特空间 $\mathcal{H}_j$ 的维数即为节点 j 的最近邻居数量，记为 $\left| N(j) \right|$，则总希尔伯特空间 $\mathcal{H}$ 的维度 $D_{\mathcal{H}}$ 定义为

$$D_{\mathcal{H}} = \sum_{j=1}^{N} \left| N(j) \right| \tag{3-19}$$

式中，$D_{\mathcal{H}}$ 为网络全部节点度的累加和，因此对于无向复杂网络有 $D_{\mathcal{H}} = 2M + N$。

三度衰减 Grover 行走算法的第二部分为态向量。初始时刻的态向量定义为

$$\begin{aligned}
|\psi(0)\rangle &= \sum_{j=1}^{N} \sum_{k=1}^{N(j)} \alpha_{j,k}(0) |j,k\rangle \\
&= \frac{1}{\sqrt{N}} \sum_{j=1}^{N} \sum_{k=1}^{N(j)} \frac{1}{\sqrt{|N(j)|}} |j,k\rangle
\end{aligned} \tag{3-20}$$

式中，$\alpha_{j,k}(0)$ 表示初始时刻粒子自节点 k 向节点 j 转移的概率振幅，$\alpha_{j,k} \in [0,1]$；粒子从节点 j 跳转至节点 k 则表示为一个标准基 $|j,k\rangle$。复杂网络上概率振幅模平方的累加和仍然为 1，即满足如下条件：

$$\sum_{j=1}^{N} \sum_{k=1}^{N(j)} \left| \alpha_{j,k}(t) \right|^2 = 1 \tag{3-21}$$

三度衰减 Grover 行走算法的希尔伯特空间由各个节点的邻域的直和构成，所以在定义该算法的硬币算符时，每个节点均有一个独立的硬币算符，称局部硬币算符。参考 Grover 算符[2]的形式将局部硬币算符定义为

$$C_j \begin{pmatrix} |j,k_1\rangle \\ |j,k_2\rangle \\ \vdots \\ |j,k_{d_j}\rangle \end{pmatrix} = \frac{1}{d_j} \begin{pmatrix} 2-d_j & 2 & \cdots & 2 \\ 2 & 2-d_j & \cdots & 2 \\ \vdots & \vdots & \ddots & \vdots \\ 2 & 2 & \cdots & 2-d_j \end{pmatrix} \begin{pmatrix} |j,k_1\rangle \\ |j,k_2\rangle \\ \vdots \\ |j,k_{d_j}\rangle \end{pmatrix} \tag{3-22}$$

式中，$d_j = |N(j)|$。然后，采用公式（3-18）的形式根据局部硬币算符构造全局硬币算符，计算方法为

$$C = C_1 \oplus C_2 \oplus \cdots \oplus C_N \tag{3-23}$$

由于复杂网络属于不规则图，粒子在复杂网络上的运动仍需满足可逆的特点，故经由移位算符作用，粒子自节点 j 向节点 k 转移的过程须具有能够彼此交换的特点，以此满足幺正变换的演化条件。因此，移位算符的作用为

$$S|j,k\rangle = |k,j\rangle \tag{3-24}$$

最后是基于三度影响原则定义三度衰减 Grover 行走算法的量子测量的过程，即图 3-2 的第 4 部分。三度影响原则（three degrees of influence rule）[141] 是社会统计学中的著名结论，它反映出有效的影响传播仅在三度范围内发生。以节点 u 为例，图 3-3 给出了节点 u 的一度、二度及三度的具体含义。生活中许多传播现象均服从三度影响原则，例如导致肥胖的行为、吸烟行为、酗酒行为以及网络上情绪的传播等[142]。此外，三度影响原则可用于确定基于局部拓扑的关键节点挖掘算法的度量范围[143-144]，因此本节提出的三度衰减 Grover 行走算法的行走步长设为 3。

图 3-3　三度影响力原则的图示

根据三度影响原则可知：随着传播层级的深入，影响力的传播效果将发生衰减。设衰减系数为 β，节点 j 在第 t 步行走时的测量概率为 $P(j;t)$，则节点 j 在网络中的关键程度 $\mathrm{Sg}(j)$ 被定义为

$$\text{Sg}(j) = \beta \times P(j;1) + (1-\beta) \times \sum_{t=2}^{3} P(j;t) \qquad (3\text{-}25)$$

根据三度影响原则，二度和三度的影响传播均存在衰减，故被视为一个整体共同乘以系数 $(1-\beta)$。显然，仅当 $\beta > 1/2$ 时，公式（3-25）才能有效表达出三度影响原则的特性；否则，二、三度的传播不存在衰减效果。进一步，可以确定参数 β 的取值范围，即 $\beta \in (0.5,0.9)$，本节令 $\beta = (0.5+0.9)/2 = 0.7$。在公式（3-25）中，节点 j 在第 t 步行走的测量概率计算方法参照公式（2-6），定义为

$$P(j;t) = \sum_{k=1}^{N(j)} \left| \psi_{j,k}(t) \right|^2 \qquad (3\text{-}26)$$

式中，节点 j 的测量结果是节点 j 同其邻域节点振幅的累加和。公式（3-26）是针对节点层面的测量结果，而网络全部节点的测量结果可表达为概率分布。设 $P(t)$ 表示第 t 步行走后对全部节点测量得到的概率分布，针对整个网络系统，全部节点的重要性评分可以表达为

$$P = \beta \times P(t=1) + (1-\beta) \times \sum_{\varepsilon=2}^{3} P(t=\varepsilon)$$

该式即为网络层面的测量方法。

2. 三度衰减 Grover 行走算法的关键节点挖掘实验

为验证本节所提出的三度衰减 Grover 行走算法在关键节点挖掘任务上的性能，选取 Chesapeake、Adjnoun、Enron-only 以及 Jazz 网络为实验数据集，4 个网络数据集的介绍参考本书附录。本节以 SIR 模型、肯德尔系数以及鲁棒性指标为评价依据，分析三度衰减 Grover 行走算法在关键节点挖掘任务中的有效性，上述三种评价指标的原理及释义参考 3.1 节；实验选择度中心性（degree centrality，DC）[137]、介数中心性（betweenness centrality，BC）[137]、接近中心性（closeness centrality，CC）[137]、PageRank[145]、局部三角中心性（local triangle centrality，LTC）[146]、k-shell[147] 以及 QPageRank[119] 算法作为对比。图 3-4 为三度衰减 Grover 行走算法

对网络全节点影响力度量值和 SIR 模型对网络全节点影响力度量值的散点图，即二者的影响力一致性实验结果，其中每个散点被赋予随机大小（半径）与随机颜色。SIR 模型的度量结果常作为评价标准判定算法排序关键节点性能的优劣，可以发现 SIR 模型同三度衰减 Grover 行走算法对 4 个网络数据上节点的度量结果表现出极强的一致性，直接反映出三度衰减 Grover 行走算法在网络关键节点排序上的准确性。

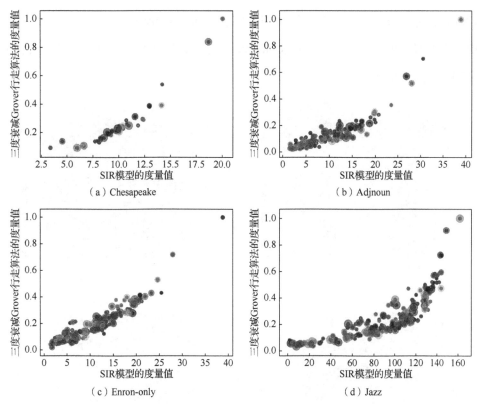

图 3-4　基于 SIR 模型的影响力一致性实验结果

　　SIR 模型的度量结果仅为一项参考，为尽可能多角度地展示本节所提出三度衰减 Grover 行走算法的性能，基于公式（3-2）的肯德尔系数，将不同算法对网络节点度量值结果的相关性进行量化。实验结果如图 3-5 所示，其中每一个小方框的数值均对应两种算法的肯德尔系数。图 3-5 中，DC 算法同三度衰减 Grover

行走算法的平均肯德尔系数高达 0.906，LTC 算法同三度衰减 Grover 行走算法的平均肯德尔系数达 0.798，该结果表明三度衰减 Grover 行走算法所采用的三步行走累加结果有效地包含了节点的度值和三元闭包结构信息，这些信息均有益于准确地度量网络中的关键节点。对比基于全局随机行走的 PageRank 算法，三度衰减 Grover 行走算法与其平均肯德尔系数为 0.844，但三度衰减 Grover 行走算法行走步长仅为 3。同样作为离散时间量子行走算法，因在现有计算机上仿真的复杂度较高，QPageRank 算法无法在有效时间内得到 Enron-only 和 Jazz 网络中关键节点的度量结果。相比而言，三度衰减 Grover 行走算法在应用层面的可扩展性优于知名的 QPageRank 算法。

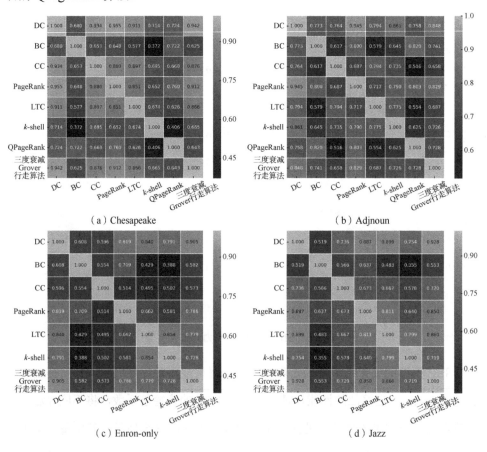

图 3-5　基于肯德尔系数的关键节点挖掘实验（扫封底二维码查看彩图）

最后，基于公式（3-1）的鲁棒性指标，图 3-6 展示了不同算法所排序关键节点对网络稳定性的破坏能力，当按比例移除序列中的关键节点时，移除节点对网络造成的瓦解越明显（R 值越小），则被移除节点越重要。根据图 3-6，可以看出三度衰减 Grover 行走算法在图（a）、（b）和（d）对应的网络中表现出了良好的排序性能。特别在 Adjnoun 网络中，三度衰减 Grover 行走算法所选拔的关键节点能快速将原始网络瓦解成若干独立子图。

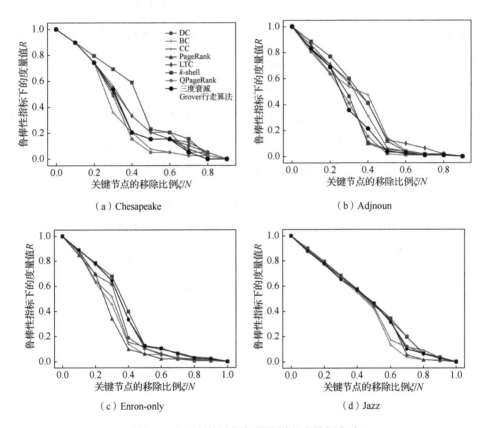

图 3-6　基于鲁棒性指标的关键节点挖掘实验

3.3　连续时间量子行走在节点挖掘中的应用

本节介绍两种连续时间量子行走算法以及一种基于连续时间量子行走的信息传播模型，三者均用于挖掘复杂网络的关键节点。

3.3.1　开放量子系统的谷歌网页排序算法

开放量子系统的谷歌网页排序算法即 3.2.1 节提到的基于连续时间量子行走的 PageRank 算法，该算法于 2012 年发表在 *Scientific Reports* 期刊[131]，是连续时间量子行走在复杂网络关键节点挖掘中的一项开创性工作。该算法因针对开放系统，以下简称为 OPR（open-system PageRank）算法。在 OPR 算法中，开放系统特指由于有向复杂网络对应的邻接矩阵为非埃尔米特矩阵，粒子在该网络节点上的运动规律不能以幺正矩阵表达，故为非封闭量子系统（开放系统）。

OPR 算法对节点重要性的评分过程包括以下三个步骤：①以量子测量的表达形式定义马尔可夫量子主方程（Markovian quantum master equation），该方程将替代传统连续时间量子行走的薛定谔方程；②利用 Lindblad 方程描述粒子在复杂网络系统内的运动；③基于线性化方法将非线性的 Lindblad 微分方程转化为线性方程，并以每个节点的测量结果作为节点的重要性评分。

OPR 算法的第一步为马尔可夫量子主方程的定义，首先定义经典马尔可夫随机过程为

$$\frac{\mathrm{d}}{\mathrm{d}t} p_i = \sum_j M_{ij} p_j \tag{3-27}$$

式中，M 为概率转移矩阵同单位矩阵之差，即 $M = P^G - \hat{I}$，关于概率转移矩阵参考 3.2.1 节公式（3-6）。进一步，利用 $\langle i|\psi\rangle$ 表示概率 p_i，利用 $\langle i|H|j\rangle$ 表示矩阵 M，并引入形如公式（2-15）的薛定谔方程改写公式（3-27），得到：

$$\frac{\mathrm{d}}{\mathrm{d}t}\langle i|\psi\rangle = -\frac{\mathrm{i}}{\hbar}\sum_j \langle i|H|j\rangle\langle j|\psi\rangle \tag{3-28}$$

在量子力学中，任意波函数可由密度算符代换。设密度算符为 ϱ，并定义为

$$\varrho = \sum_i p_i|\psi_i\rangle\langle\psi_i| \tag{3-29}$$

在连续时间量子行走中，量子系统内的幺正演化由薛定谔方程提供。而针对开放量子系统，考虑采用 Lindblad 方程描述粒子在网络节点上的演化，采用密度算符处理公式（3-28），则有

$$\frac{\mathrm{d}\varrho}{\mathrm{d}t} = \mathcal{L}_\varrho \tag{3-30}$$

式中，$\mathcal{L}_\varrho$ 为微分算子。任意马尔可夫主方程中的微分算子都可以展开表达为

$$\mathcal{L}_\varrho = -\mathrm{i}(1-\alpha)[H,\varrho] + \alpha\sum_{(i,i)} \gamma_{(i,j)}\left(L_{(i,j)}\varrho L_{(i,j)}^\dagger - \frac{1}{2}\left\{L_{(i,j)}^\dagger L_{(i,j)},\varrho\right\}\right) \tag{3-31}$$

式中，分别以 i 和 i 区分下标和虚数；H 为网络邻接矩阵的对称化形式，$H = H^\dagger$，γ 的本质是网络的邻接矩阵，通常被解释为谷歌矩阵的一个特例[148]。公式（3-30）和公式（3-31）提供了一种不可逆的动力学方法，可以用于实现粒子在有向网络节点上的跳转。设 $L_{(i,j)} = |i\rangle\langle j|$，并以对角矩阵形式表达密度算符 ϱ，当公式（3-31）中 α 取不同值时，可推导出：

$$\begin{cases} \dfrac{\mathrm{d}}{\mathrm{d}t}\varrho_{ii} = \sum_j \left(\gamma_{ij} - \delta_{ij}\right)\varrho_{jj}, & \alpha = 1 \\[3mm] \dfrac{\mathrm{d}}{\mathrm{d}t}\varrho_{ii} = -\mathrm{i}\sum_j 2H_{ij}\left(\varrho_{ji} - \varrho_{ij}\right), & \alpha = 0 \end{cases} \tag{3-32}$$

最后，粒子停留在节点 j 上的概率定义为节点 j 标准基在密度算符上的投影：

$$P(j) = \langle j|\varrho|j\rangle = \varrho_{jj} \tag{3-33}$$

式中，$P(j)$ 为 OPR 算法对节点 j 在网络 G 中重要性的评分。

为展示 OPR 算法在关键节点排序任务上的性能，以图 3-7（a）所示的网络为例，选择经典 PageRank 和随机行走（random walk）算法作为对比，三者对图 3-7（a）网络中节点的排序结果如图 3-7（b）所示。图 3-7（b）中横坐标为 random walk 算法对节点的排序序列，可以发现按此编号顺序，PageRank 算法同 random walk 算法排序结果完全一致，而 PageRank 算法仅在节点 5 和节点 7 的位置上的顺序同 OPR 算法结果存在分歧。图 3-7 的实验表明：OPR 算法不仅实现了开放系统上的量子行走，还能准确地对复杂网络节点的重要性进行排序。

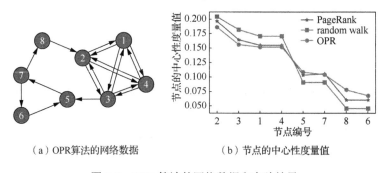

（a）OPR算法的网络数据　　　　　　（b）节点的中心性度量值

图 3-7　OPR 算法的网络数据和实验结果

值得说明的是，因包含大量 Kronecker 运算，OPR 算法在现有计算机上仿真所带来的开销巨大[121]。2021 年，Tang 等[149]针对该问题基于 TensorFlow 将 OPR 算法的计算过程并行化，有效地节省了计算开销，使得 OPR 算法可扩展至较大规模的复杂网络中。

3.3.2　量子詹森-香农散度算法

量子詹森-香农散度（quantum Jensen-Shannon divergence，QJSD）算法由 Rossi 等[150]定义，该算法用于挖掘网络中心节点的主要思想如下：首先基于图的归一化拉普拉斯矩阵定义连续时间量子行走；而后根据冯·诺依曼熵（von Neumann entropy）的密度算符公式和经典的詹森-香农散度定义 QJSD；最后采用相反的相位符号表示同一节点的初始概率振幅，此时一个节点对应存在两个密度算符，以此作为 QJSD 输入的两个分布，QJSD 的度量值则为节点的中心性分值。

　　针对复杂网络 G，QJSD 算法首先采用图的归一化拉普拉斯矩阵 L 替代薛定谔方程中的哈密顿量 H，根据公式（2-15）和公式（2-17），QJSD 算法的演化方程可以定义为

$$\left|\psi(t)\right\rangle = \mathrm{e}^{-\mathrm{i}Lt}\left|\psi(0)\right\rangle \tag{3-34}$$

式（3-34）中，$\left|\psi(0)\right\rangle = \sum_{j=1}^{N}\alpha_j(0)$ 表示初始时刻的量子态，其中 $\alpha_j(0)$ 表示节点 j 在初始时刻的概率振幅。由于拉普拉斯矩阵 L 可以分解为对角矩阵乘积的形式，设拉普拉斯矩阵 L 的特征向量矩阵为 Φ，$\Phi = (\phi_1, \phi_2, \cdots, \phi_N)$，$L$ 的对角矩阵为 Λ，$\Lambda = \mathrm{diag}(\lambda_1, \lambda_2, \cdots, \lambda_N)$ 且 $0 = \lambda_1 \leqslant \lambda_2 \leqslant \cdots \leqslant \lambda_N$。因此，公式（3-34）可以表达为

$$\left|\psi(t)\right\rangle = \Phi\mathrm{e}^{-\mathrm{i}\Lambda t}\left|\psi(0)\right\rangle \tag{3-35}$$

　　接下来根据冯·诺依曼熵和经典的分布相似性计算方法定义 QJSD 对关键节点的评分公式。在量子力学中密度算符 ρ 可以用来描述一个量子系统的纯态 $\left|\psi_i\right\rangle$ [19]，每个态对应一个概率 p_i，此时 ρ 被定义为

$$\rho = \sum_i p_i \left|\psi_i\right\rangle\left\langle\psi_i\right| \tag{3-36}$$

进一步，设 ξ_i 表示密度算符 ρ 的特征值，$\xi_i = \{\xi_1, \xi_2, \cdots, \xi_N\}$，则密度算符 ρ 的冯·诺依曼熵定义为

$$H_N = -\mathrm{tr}(\rho\log\rho) = -\sum_i \xi_i \ln\xi_i \tag{3-37}$$

在公式（3-37）的计算结果中，若密度算符代表的系统为混态（mixed state）量子系统，则 H_N 的结果不等于 0；反之，若该系统为纯态（pure state）量子系统，则冯·诺依曼熵 H_N 的结果等于 0[19]。

　　根据上述定义，并结合 JS 散度便可以设计 QJSD。经典的 JS 散度用于度量两

个概率分布的相似性，可以认为是 KL 散度（Kullback-Leibler divergence）的变体，它改进了 KL 散度属于非对称度量的问题。对于任意两个概率分布 ρ 和 σ，经典的 JS 散度定义为

$$\mathrm{JS}(\rho\|\sigma)=\frac{1}{2}\mathrm{KL}\left(\rho\left\|\frac{\rho+\sigma}{2}\right.\right)+\frac{1}{2}\mathrm{KL}\left(\sigma\left\|\frac{\rho+\sigma}{2}\right.\right) \tag{3-38}$$

若将公式（3-38）中 KL( ) 计算方法替换为公式（3-37）的冯·诺依曼熵的计算方法，则得到新的 JS 散度的度量公式：

$$D_{\mathrm{JS}}(\rho,\sigma)=H_N\left(\frac{\rho+\sigma}{2}\right)-\frac{1}{2}H_N(\rho)-\frac{1}{2}H_N(\sigma) \tag{3-39}$$

式中，$D_{\mathrm{JS}}(\rho,\sigma)\in[0,1]$。

最后，取相反的符号设定网络中任意节点 j 的初始概率振幅，构造不同概率振幅下，节点 j 对应的密度算符 ρ_{j-} 和 ρ_{j+}，最后采用公式（3-39）为节点 j 在网络中的中心性打分。具体计算过程如下：令 $\left|\psi(0)^-\right\rangle=\sum_{j\in V}\alpha_j^-(0)|j\rangle$ 且 $\left|\psi(0)^+\right\rangle=\sum_{j\in V}\alpha_j^+(0)|j\rangle$，设 ρ_{j-} 和 ρ_{j+} 分别表示量子态 $\left|\psi(t)^{j-}\right\rangle$ 和 $\left|\psi(t)^{j+}\right\rangle$ 的密度算符，其计算方法为

$$\begin{cases}\rho_{j-}=\lim_{T\to\infty}\dfrac{1}{T}\int_0^T\left|\psi(t)^{j-}\right\rangle\left\langle\psi(t)^{j-}\right|\mathrm{d}t\\[3mm]\rho_{j+}=\lim_{T\to\infty}\dfrac{1}{T}\int_0^T\left|\psi(t)^{j+}\right\rangle\left\langle\psi(t)^{j+}\right|\mathrm{d}t\end{cases} \tag{3-40}$$

此时，将公式（3-40）所得节点 j 对应的两个密度算符代入公式（3-39），得到节点 j 的中心性分值：

$$C_{\mathrm{QJSD}}(j)=D_{\mathrm{JS}}\left(\rho_{j-},\rho_{j+}\right) \tag{3-41}$$

图 3-8 为 QJSD 算法的测试网络,该网络描述的是 16 个具有显赫社会地位家族间的联姻关系[151],其中每个方框对应一个家族的姓氏,QJSD 算法对该网络节点的打分结果如表 3-2 所示。结合图 3-8 和表 3-2,QJSD 算法对该网络的排序结果符合网络数据的含义,例如处于网络拓扑核心地位的 MEDICI、RIDOLFI 和 STROZZI 位居前三,而处于网络边缘位置的 GINORI、ACCIAIUOL、LAMBERTES 和 PAZZI 的重要性度量值最低,位居末尾。

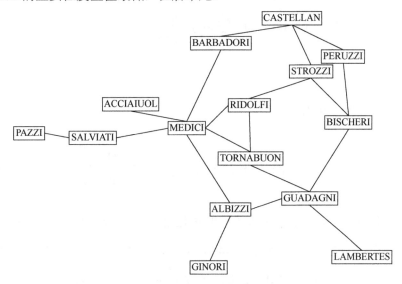

图 3-8　QJSD 算法的测试网络

表 3-2　QJSD 算法对家族网络节点的排序结果

家族	中心性分值	家族	中心性分值	家族	中心性分值
MEDICI	0.4867	CASTELLAN	0.3245	SALVIATI	0.2248
RIDOLFI	0.4619	BARBADORI	0.3205	GINORI	0.1993
STROZZI	0.4192	ALBIZZI	0.3172	ACCIAIUOL	0.1534
TORNABUON	0.4041	GUADAGNI	0.3091	LAMBERTES	0.1267
BISCHERI	0.3586	PERUZZI	0.2990	PAZZI	0.1126

上述实验直观地表明了 QJSD 算法在识别网络关键节点上的有效性,其有效性来自于 QJSD 算法同度中心性的计算结果呈现出显著的相关性。以节点 j 对应

的两个密度算符 ρ_{j-} 和 ρ_{j+} 为例，其证明过程如下：

$$
\begin{aligned}
D_{\mathrm{JS}}\left(\rho_{j-},\rho_{j+}\right) &= H_N\left(\frac{\rho_{j-}+\rho_{j+}}{2}\right)-\frac{1}{2}H_N\left(\rho_{j-}\right)\\
&= -\frac{\mu_0+1}{2}\log_2\frac{\mu_0+1}{2}-\sum_{i\neq0}\frac{\mu_i}{2}\log_2\frac{\mu_i}{2}+\frac{1}{2}\sum_i\mu_i\log_2\mu_i\\
&= \frac{\mu_0+1}{2}-\frac{\mu_0+1}{2}\log_2\left(\mu_0+1\right)+\sum_{i\neq0}\frac{\mu_i}{2}-\frac{1}{2}\sum_{i\neq0}\mu_i\log_2\mu_i+\frac{1}{2}\sum_i\mu_i\log_2\mu_i\\
&= 1-\frac{1}{2}\log_2\left(\mu_0+1\right)+\frac{\mu_0}{2}\log_2\frac{\mu_0}{\mu_0+1}
\end{aligned}
$$

$$(3\text{-}42)$$

式中，μ_0 的计算方法为

$$
\mu_0=\left\langle\phi_0\left|\rho_0\right|\phi_0\right\rangle=\left\langle\phi_0\big|\psi_0^{j-}\right\rangle^2=\left(1-\frac{|N(j)|}{|E|}\right)^2 \tag{3-43}
$$

在公式（3-43）中，$N(j)$ 表示节点的最近邻居节点集，$|E|$ 为网络链路的总数。根据公式（3-42）和公式（3-43）可知，QJSD 算法的度量结果同节点的度中心性密切相关。QJSD 算法已经成为解决图网络相似性问题的关键步骤[152-154]。

3.3.3 基于量子行走的信息传播模型

本节提出一种基于连续时间量子行走的信息传播（continuous-time quantum walk-based information propagation，CTQW-IP）模型[155]，该模型通过模拟指定节点的影响传播范围评估节点在网络中的影响力，实验表明该模型能够有效排序社交网络中的高影响力节点。

1. CTQW-IP 模型的定义

在 CTQW-IP 模型中，整个网络系统随时间的演化对应着信息的传播过程，对单个节点初始概率振幅的设定即能指定该节点为种子（初始传播节点），而量子测量阶段则用作信息传播结果的统计方法。以上便是连续时间量子行走用以设计信息传播模型的核心思想。

与已有的信息传播模型不同，CTQW-IP 模型将社交网络中全部节点与量子态中的元素一一对应，记为 $|\psi\rangle$。在指定种子节点后，利用薛定谔方程提供的演化算符，通过概率振幅在节点间的转移模拟社交网络中的信息传递过程。最后，通过预设的阈值和量子测量过程，统计初始种子节点的传播结果，并为节点在网络中的重要性评分。基于上述过程，本节对 CTQW-IP 模型的描述分为：通过预设概率振幅指定种子节点、利用量子行走演化模拟信息传播以及通过量子测量计算种子的影响力，这三个过程如图 3-9 所示。

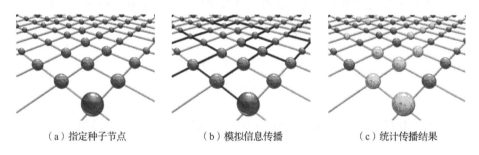

　　（a）指定种子节点　　　　　　　（b）模拟信息传播　　　　　　　（c）统计传播结果

图 3-9　信息传播模型的三个核心步骤（扫封底二维码查看彩图）

首先通过预设概率振幅指定种子节点，图 3-9（a）给出了一个示例，其中红色小球即为信息传播的初始种子。在 CTQW-IP 模型中，任意节点均可以通过预设的初始概率振幅而被指定为种子，即网络中最初的信息传播源，CTQW-IP 模型的任务便是通过模拟信息传播，评估其在网络中的影响力。参照 2.1.2 节对连续时间量子行走的定义形式，将初始时刻网络 G 上的量子态表示为

$$|\psi(0)\rangle = \sum_{j \in V} \alpha_j(0)|j\rangle \tag{3-44}$$

式中，$\alpha_j(0)$ 为节点 j 在初始时刻的概率振幅；$|j\rangle$ 为节点 j 对应的标准基。设 $N(j)$ 表示节点 j 的最近邻居集，则用于指定种子节点的概率振幅预设方法定义为

$$\begin{cases} \alpha_k(0) = \dfrac{1}{\sqrt{|N(j)|}}, & k \in N(j) \\ \alpha_v(0) = 0, & v \in V \setminus N(j) \end{cases} \tag{3-45}$$

公式（3-45）的含义为：在初始时刻种子 j 的邻域节点将概率振幅平分，而其他节点的概率振幅均设为 0，以此来指定种子并指定种子在初始时刻的传播路径。

接着，利用量子行走演化模拟信息传播。CTQW-IP 模型的演化过程对应的是经典级联信息传播模型的信息传递过程。在该模型中，演化的动力由薛定谔方程提供：

$$i\frac{d}{dt}|\psi(t)\rangle = H|\psi(t)\rangle \tag{3-46}$$

式中，H 表示系统的哈密顿量，它可以被社交网络图的邻接矩阵替代。对于任意一个无向社交网络 G，其邻接矩阵可以定义为

$$A_{i,j} = \begin{cases} 1, & (i,j) \in E \\ 0, & (i,j) \notin E \end{cases} \tag{3-47}$$

利用公式（3-47）替代公式（3-46）中的哈密顿量 H，则可以得到公式（3-47）的解：

$$|\psi(t)\rangle = \exp(-iAt)|\psi(0)\rangle \tag{3-48}$$

如图 3-9（b）所示，信息自种子节点出发，仅能依赖网络的连通性（标记为红色的链路）级联式地传播[139]，无法脱离链路关系传递。

量子测量是 CTQW-IP 模型的最后步骤，该步骤用于计算种子节点经演化模拟后，在社交网络上产生的影响力。因此，种子 j 的影响力将利用量子行走的测量公式计算，其计算方法为

$$P(t,j) = \left| \langle j | \psi(t) \rangle \right|^2$$
$$= \left| \langle j | \exp(-\mathrm{i}At) | \psi(0) \rangle \right|^2 \tag{3-49}$$

若直接采用公式（3-49）的方法评估种子节点的影响力，将引发如下问题。①该测量方法得到的结果仅与网络拓扑结构和演化特性相关，与传播结果中节点是否处于激活态无关。②对网络中的每个节点执行公式（3-49）的计算后，将得到一个概率分布，合理利用概率分布来评价种子节点的影响力将成为 CTQW-IP 模型设计的关键环节。基于上述分析，本节提出一种阈值方法，将概率分布中大于阈值 Θ 的节点视为激活节点，激活节点数量越多，则表明种子的影响力越大。该阈值方法定义为

$$\mathrm{Inf}(u) = \sum_{i=1}^{N} Q(i) \tag{3-50}$$

式中，函数 $Q(\cdot)$ 定义为

$$Q(i) = \begin{cases} 1, & P(t,i) > \Theta \\ 0, & \text{否则} \end{cases} \tag{3-51}$$

CTQW-IP 模型的阈值 Θ 设为网络节点数量的倒数，即 $\Theta = N^{-1}$，N^{-1} 代表粒子在每个节点上停留的平均概率。通过量子测量，当粒子在某节点上停留的概率大于平均概率 N^{-1} 时，则可以认为该节点是种子的激活节点。例如，在图 3-9（c）所示的传播结果中，黄色个体代表的便是传播结束后处于激活态的节点。值得说明的是，CTQW-IP 模型中的阈值参数同线性阈值（linear threshold，LT）模型[139]中的阈值参数不同，LT 模型中阈值决定当前节点是否为激活节点并决定信息是否能级联传递，而 CTQW-IP 模型中阈值 Θ 不参与信息的级联传递过程，仅用于统计种子节点的传播结果。

2. CTQW-IP 模型的参数确定及实验验证

由于 CTQW-IP 模型中的时间参数 t 未知，公式（3-49）的测量结果经由欧拉

公式变换将得到一个复合三角函数,这将导致 CTQW-IP 模型消耗大量迭代计算并存在传播结果不收敛的问题[132]。对此,将 CTQW-IP 模型中参数 t 提前确定,可使计算简化并使传播结果不再时变。

　　本节通过观察概率分布结果随参数 t 的变化情况提前确定参数 t 的适宜值。以图 3-10(a)长度等于 101 的一维直线为例,设直线中心节点 $x = 0$ 处为粒子行走的初始位置,并根据公式(3-45)设定初始概率振幅,当参数 t 的取值分别为 10^3、10^2、10^1、10^0 以及 10^{-1} 时,概率分布结果如图 3-10(b)~(f)所示。图 3-10 中,为方便观察 CTQW-IP 模型在直线上的表现,加入经典连续时间随机行走(continuous-time random walk,CTRW)作为对比。

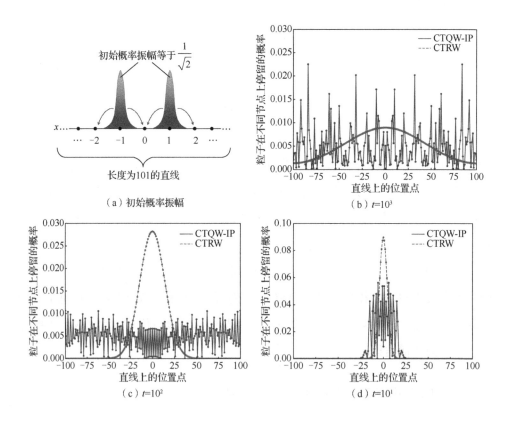

（a）初始概率振幅　　　　　　（b）$t = 10^3$

（c）$t = 10^2$　　　　　　（d）$t = 10^1$

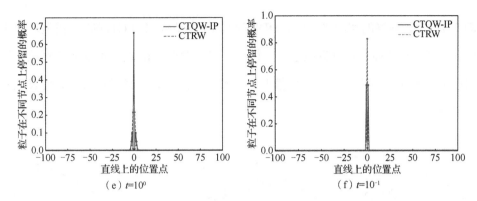

图 3-10　CTQW-IP 模型在参数 t 取不同值时的概率分布结果（扫封底二维码查看彩图）

图 3-10（b）、（c）中，处于直线两端节点的测量概率明显大于中心节点 $x=0$ 处的概率，参数 t 取 10^3 和 10^2 显然不适宜挖掘网络的高影响力节点。同理，当 t 取 10 时亦不符合中心节点的测量要求。在图 3-10（e）和（f）中，二者的表现虽然同经典随机行走的概率分布结果大体趋于一致，但当 $t=10^{-1}$ 时公式（3-45）所预设的概率振幅作用更加明显，有利于指定种子节点向其邻域传递信息的路径，确保种子影响力计算的准确性。因此，本节实验中 CTQW-IP 模型的参数 t 设为 10^{-1}。

本节利用影响力最大化实验进一步验证 CTQW-IP 模型所选拔种子节点的影响力，影响力最大化的定义及描述参考 3.1 节。在该实验中，选择 5 种具有代表性的算法作为对比方法，包括 degree discount[134]、强连通分量（strongly connected component，SCC）[156]、newGreedy[157]、度衰减与惰性向前选择（degree descending & lazy-forward，DDLF）[158]的混合算法以及随机（random）算法，并选择三个常见的社交网络作为实验数据，包括 Infect-dublin、Caltech36 以及 Hamsterster 网络，三个网络的统计学指标参考本书附录。

CTQW-IP 模型所选出的种子节点在影响力最大化实验下的表现如图 3-11 所示。根据图 3-11，CTQW-IP 模型所选拔的种子节点在网络中具有最大传播规模，反映出 CTQW-IP 模型选拔种子节点的准确性。另外，以 DDLF 算法为例，在图 3-11（c）的影响力最大化实验结果中，DDLF 算法仅优于随机算法；而在

图 3-11（d）网络的实验结果中，DDLF 仅次于本节提出的 CTQW-IP 模型，说明 DDLF 算法对传播参数具有敏感性。相比之下，CTQW-IP 模型不仅能识别社交网络中的高影响力节点，并且在传播概率参数取不同值时，其影响力最大化表现十分稳定。

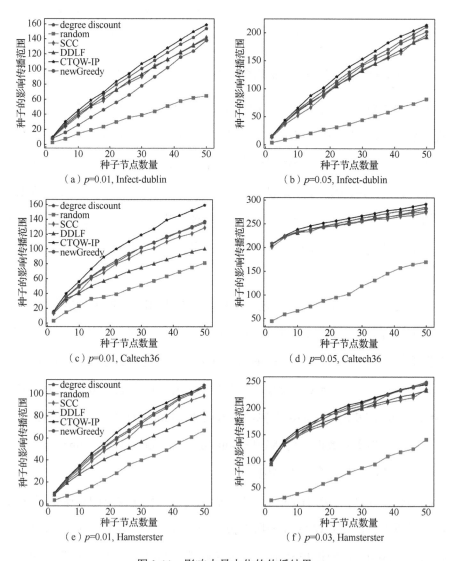

图 3-11　影响力最大化的传播结果

3.4　本章小结与扩展

本章从离散时间量子行走和连续时间量子行走两方面介绍了 6 种复杂网络关键节点的排序算法，这些工作主要针对无向复杂网络并考虑其在现有计算机上的仿真效果。而其他基于量子行走的复杂网络关键节点挖掘成果则与上述研究思路相反，研究者着重考虑有向网络作为非埃尔米特矩阵的条件下，如何使量子行走中的粒子在有向图上实现可逆行走，即通过量子行走仿真一个有向复杂网络[159]。有向复杂网络上量子行走的难题是网络邻接矩阵为非埃尔米特矩阵，因此，相关工作的核心是构造符合幺正变换条件的演化算符，此类研究中多称为时间演化算符（time-evolution operator）。

这里列举两项具有代表性的基于量子行走挖掘有向复杂网络关键节点的工作：宇称时间（parity-time）量子行走[160]和含时演化量子行走[161]。宇称时间量子行走的设计思想为：首先，通过有向网络的邻接矩阵构造伪埃尔米特矩阵（pseudo-Hermitian）替换薛定谔方程中的哈密顿量以得到时间演化算符，其中伪埃尔米特矩阵虽为非幺正矩阵，但它能确保演化中总概率振幅仅发生震荡而不会出现指数形式的骤增和骤减。其次，利用奇异值分解方法将时间演化算符对角化，并拆解为三个矩阵乘积的形式。最后，在光学实验中完成宇称时间量子行走对有向网络中心节点的排序。含时演化量子行走则是另一种思路，它对时间演化算符维度施加膨胀式变换，其维度被扩张为节点数量的二倍，即维度从 $N \times N$ 到 $2N \times 2N$（这不同于 1.2.3 节 HHL 量子算法对非对称矩阵的变换方法）。在膨胀变换过程中，时间演化算符融入了有向网络哈密顿量的特征值信息，使其成为幺正算符。线性光学实验结果表明，有向网络上含时演化连续时间量子行走的测量（排序）结果同 PageRank 算法对节点的排序结果一致。由于相关成果侧重光学实验的物理实现，超出算法的设计和实现范畴，本章不作详细介绍。

　　本章所针对的挖掘对象仅为节点，大量网络表示学习的研究成果表明：复杂
网络的复杂性（不规则特点）主要依赖链路而存在[162]。假设一个极端情况，复杂
网络中仅存在节点而没有链路，该网络的可视化结果则为一组散点，不具有复杂
性。可见网络结构的挖掘对象不限于节点，亦可以是桥接两个节点的链路。第 4 章
将介绍针对复杂网络链路挖掘的量子行走算法。

第 4 章　量子行走在网络链路挖掘中的应用

4.1　复杂网络链路挖掘的定义及评价方法

根据不同的研究目标，复杂网络上的链路挖掘任务可以分为两类，即挖掘复杂网络的关键链路以及挖掘网络可能存在或丢失的链路，后者常被称为链路预测（link prediction）。下面以两个简短的示例分别介绍关键链路挖掘和预测复杂网络的丢失链路在现实生活中的应用价值。假设一个网络正在遭受未知的第三方攻击，此时为了避免整个网络发生级联故障，可以选择移除网络中的某些中枢节点。而如果该网络是由银行和商户之间构建的交易关系网，随着银行这一关键节点的移除，整个交易网络也将无法正常运转。而此时若切断部分关键链路以避免网络级联瘫痪，那么整个网络将有可能保持正常运转。类似的例子还有由服务器和客户端构成的复杂网络，其中服务器作为中枢节点亦无法随意地从网络中移除，而必要时与服务器节点相连的关键链路是可能被切断的。显然，挖掘复杂网络的关键链路对保障网络的可靠性具有重要的研究意义。

链路预测的任务是推理网络中丢失的或未来可能存在的链路，其中所要预测的链路不等同于网络的关键链路。链路预测的本质是根据节点所处拓扑结构的相似性预测网络的演化趋势，它在生物领域所带来的利好极为可观。以蛋白质的新陈代谢网络为例，蛋白质之间的相互作用关系均基于大量的实验反应推测得来，并非在电子显微镜下直接观察所得。观测微观世界中蛋白质间的相互作用关系需依赖药剂、设备、时间和人力成本。即便如此，人类对生物大分子的了解仍旧停留于表面。譬如，在 2008 年人类仅掌握了酵母蛋白质间全部相互作用关系的20%[163]。链路预测能通过已知的拓扑结构推断大分子之间的关联关系，并以此作为生物实验的理论指导，缩短蛋白质拓扑结构推断的经济成本和时间，为人类科学和健康提供切实的利好。

本章将围绕关键链路挖掘和链路预测两个任务，介绍量子行走在复杂网络链路挖掘中的应用。

1. 关键链路挖掘及其评价指标

关键链路在诸多领域中扮演着重要角色，例如：向网络添加关键链路可以促进社交网络中的信息传播[164]；关键链路可以度量网络连通性的优劣[165]；关键链路还可以用于解释相变在渗流网络中的作用[166]。在不同类型的网络中，挖掘关键链路的难度不同。以图 4-1（a）为例，该网络具有明显的社团结构，其中标记了三角号的链路显然为整个网络的关键链路，当其被切断时，整个网络将不再连通。另一类网络则以图 4-1（b）为例，该网络不具备明显的拓扑结构特征，很难挖掘出关键链路。在实际问题中，多数复杂网络符合自组织或幂律分布的特性，无法清晰地划分社团和层次，因此关键链路的挖掘具有挑战性。

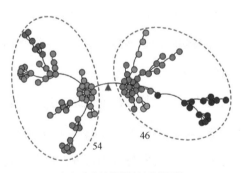
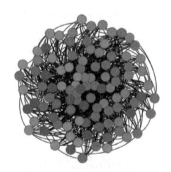

（a）容易挖掘关键链路的网络　　　　　　（b）难以挖掘关键链路的网络

图 4-1　不同复杂网络中的关键链路挖掘

一条链路是否为关键链路，一般采用网络的鲁棒性指标来判断。简单而言，鲁棒性是将某条链路自网络中移除，再计算该条链路对网络的瓦解程度，其中瓦解的程度用移除该链路后网络最大连通分量节点数与网络节点总数的占比来表示。设 σ_ζ 为移除第 ζ 条链路后，网络最大连通分量节点数与网络节点总数的比值，

其中第 ζ 条链路是由算法对该链路的打分值决定的,分值高的链路则优先被移除。设复杂网络图为 $G=(V,E)$,其中 V 和 E 分别为节点的集合和链路的集合, $|V|=N$, $|E|=M$ 。由此,度量第 ζ 条链路的鲁棒性指标定义为

$$\eta=\frac{1}{M}\sum_{\zeta=1}^{M}\sigma_\zeta \tag{4-1}$$

式中,$1/M$ 将度量结果归一化,故 $\eta\in[0,1]$。以图 4-1(a)所示的由 100 个节点和 99 条链路构成的网络为例,当标记了三角号的关键链路被切断时,网络将被划分为两个独立的连通分量,二者的节点数量分别为 54 和 46。因此,根据公式(4-1),该条链路在网络中的重要性可量化为(1/99)×(54/100)= 0.00545。本章将利用该指标来评价算法挖掘关键链路的性能优劣, η 值越低说明删掉该链路后网络被毁坏程度越高,则该条链路越重要。

2. 链路预测及其评价指标

假设以概率 $\mu(\mu\in(0,1))$,将网络 G 的链路集 E 随机地分为训练(training)链路集 E^{T} 和预测(prediction)链路集 E^{P} 两部分,训练链路集 E^{T} 用以存储训练数据,而预测链路集 E^{P} 用于记录网络中丢失的链路,集合 E^{P} 中的元素即为算法需要预测出的链路。两集合间的关系满足 $|E^{\mathrm{T}}|=\mu|E|$, $E^{\mathrm{T}}\cap E^{\mathrm{P}}=\varnothing$,且 $E^{\mathrm{T}}\cup E^{\mathrm{P}}=E$ 。针对由节点集 V 和训练链路集 E^{T} 所组成的复杂网络 $\tilde{G}$, $\tilde{G}=(V,E^{\mathrm{T}})$,链路预测任务的目标为:使用算法对网络中全部链路打分以预测出集合 E^{P} 中的链路,其中全部链路是指由 V 中全部节点构成的完全图的链路集 E^{U} , $E\subseteq E^{\mathrm{U}}$ 。换言之,使用某算法完成链路预测时,相当于是对网络 $\tilde{G}$ 对应的完全图的链路打分,并非仅对网络 $\tilde{G}$ 中存在的链路打分[167]。图 4-2 给出了链路预测在社交网络上应用的示例,假设两位用户均开通了微博和领英的社交账号,两用户在微博中相互关注,而在领英却未建立关注关系。此时可以根据二人在微博上社交关系的相似性预测两人未来在领英平台可能存在的朋友关系,即在二者间添加一条链路使其成为互

相关注的朋友。由此可见，推荐是链路预测一个极为直观的应用场景。

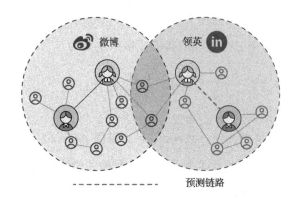

图 4-2   社交网络中链路预测的应用示例

链路预测的主要依据是节点间相似性信息[168]，算法的预测结果好坏同样依赖对节点间相似性的评分。本章采用两个指标验证所提出的简化量子行走算法在链路预测上的优势，包括接受者操作特征曲线下的面积（area under the receiver operating characteristic curve, AUC）指标和精度（precision）指标。尤其是当不同算法在 AUC 指标下的值相近时，精度指标可以进一步判断算法孰优孰劣。

针对网络 $\tilde{G}$，AUC 指标的一次计算过程如下：分别从训练链路集 E^{T} 和不存在的链路集 $(E^{\mathrm{U}} - E)$ 中抽样，如果训练链路集 E^{T} 中链路的分数大于不存在的链路集 $(E^{\mathrm{U}} - E)$ 中链路的分数，则记 1 分；如果两个值相等，则记 0.5 分；否则记为 0。设抽样次数为 n，AUC 指标的计算公式为

$$\mathrm{AUC} = \frac{n_1 + 0.5n_2}{n} \tag{4-2}$$

式中，$n = n_1 + n_2$。AUC 值高的算法对网络丢失链路的预测更准确。值得说明的是，当抽样次数 n 设为 672400 时，无论网络规模和特征如何，均能以 90% 的可信度保证 AUC 计算结果的绝对误差不超过千分之一，详细的证明过程可以参考《链路预测》中的附录 A[168]。精度指标记录的是前 L 条链路中被准确预测到的链路占比，设 l 为准确预测的链路数量，则精度指标的定义为

$$\mathrm{Pre} = \frac{l}{L} \tag{4-3}$$

当不同算法的 AUC 值近似时，精度指标结果越高的算法在链路预测中的优势越明显。

4.2　量子行走在关键链路识别中的应用

本节提出一种由 Hadamard 硬币算符驱动的量子行走算法[169]，以下简称 Hadamard 行走算法，该算法能以高精度挖掘复杂网络的关键链路。一般而言，Hadamard 算符、Grover 算符、Fourier 算符和 SU(2)算符[17]均可作为离散时间量子行走的硬币算符，但其中 Grover 算符和 Fourier 算符均为有偏算符。有偏算符不适用于挖掘关键链路，特别是 Fourier 算符的测量结果同网络拓扑特性间的关系十分模糊，有待进一步探讨。当 SU(2)算符中两个相位参数设为 0，一个角度参数设为 π/4 时，SU(2)算符与 Hadamard 算符等价[36]。另一方面，Hadamard 算符作为无偏硬币，它驱动粒子在网络上仅依赖存在的链路关系行走，能够真实地反映网络的拓扑特性并进一步有利于挖掘复杂网络的关键链路。因此，本节考虑采用 Hadamard 算符作为驱动复杂网络量子行走的硬币。

4.2.1　静态复杂网络上的 Hadamard 行走算法

本节所提出的 Hadamard 行走算法依据 2.3 节的一般框架来描述。假设 Hadamard 行走发生在一个无向复杂网络 G 上，因总希尔伯特空间维度和演化算符的行列数一定相等，为了满足这一要求，本节考虑使用直和运算将每个节点对应的空间累加，相应的空间维数被定义为

$$\mathcal{H} = \mathcal{H}_1 \oplus \mathcal{H}_2 \oplus \cdots \oplus \mathcal{H}_N \tag{4-4}$$

式中，$\mathcal{H}$ 是由节点 j 对应的希尔伯特空间 $\mathcal{H}_j$ 构成的，$\forall j \in V$。希尔伯特空间 $\mathcal{H}_j$ 的

维数即为节点 j 的最近邻居数量，记为 $\left|N(j)\right|$，则总希尔伯特空间 $\mathcal{H}$ 的维度 $D_{\mathcal{H}}$ 定义为

$$D_{\mathcal{H}} = \sum_{j=1}^{N} \left|N(j)\right| \tag{4-5}$$

显然，$D_{\mathcal{H}}$ 为网络全部节点度的累加和，即网络链路数量的二倍，$D_{\mathcal{H}} = 2M$。Hadamard 行走算法的第二部分为态向量。初始时刻，态向量定义为

$$\begin{aligned}
\left|\psi(0)\right\rangle &= \sum_{j=1}^{N} \sum_{k=1}^{N(j)} \alpha_{j,k}(0)\left|j,k\right\rangle \\
&= \frac{1}{\sqrt{N}} \sum_{j=1}^{N} \sum_{k=1}^{N(j)} \frac{1}{\sqrt{\left|N(j)\right|}} \left|j,k\right\rangle
\end{aligned} \tag{4-6}$$

式中，$\alpha_{j,k}(0)$ 为初始时刻粒子自节点 k 向节点 j 转移的概率振幅，$\alpha_{j,k}(0) \in [0,1]$；粒子从节点 j 跳转至节点 k 则表示为一个标准基 $\left|j,k\right\rangle$。复杂网络上概率振幅模平方的累加和仍然为 1，其形式化表达可参考 3.2.3 节公式（3-21）。

Hadamard 行走算法的硬币算符即为 Hadamard 矩阵，它与移位算符的乘法运算则是 Hadamard 行走算法的演化算符。设 S 表示移位算符，H 表示 Hadamard 矩阵，演化算符 U 定义为

$$U = S(H \otimes \hat{I}) \tag{4-7}$$

式中，$\hat{I}$ 为单位矩阵；矩阵 H 的表达可参考公式（1-11）。移位算符 S 所扮演的作用类似于在一对节点间"翻转"（flip-flop），因此移位算符 S 定义为

$$S\left|j,k\right\rangle = \left|k,j\right\rangle \tag{4-8}$$

Hadamard 行走算法的每一步行走对应于演化算符 U 的一次应用。因此，t 步行走后，态向量的演化定义为

$$\begin{aligned}
\left|\psi(t)\right\rangle &= U^t\left|\psi(0)\right\rangle \\
&= U\left|\psi(t-1)\right\rangle
\end{aligned} \tag{4-9}$$

测量阶段的目的是对处于一条链路两端的节点打分，也是 Hadamard 行走算法的最后步骤。因为一条链路连接两个节点，所以自然地联想到使用 2 粒子 Hadamard 行走算法为网络中的每条链路打分。这是因为在测量时 2 粒子如果在一条链路的两端以极高的概率共现，则说明该条链路更为重要。但是，若沿着 2 粒子 Hadamard 行走算法的思路来挖掘网络的关键链路，需对 Hadamard 行走算法中的演化算符膨胀化处理，以满足 2 粒子在网络节点间移动的需求。以 2 粒子 Hadamard 行走算法的移位算符 $\hat{S}$ 为例，它将被定义为

$$\hat{S}|j,k;p,q\rangle = |k,j\rangle \otimes |q,p\rangle \tag{4-10}$$

式中，$|k,j\rangle$ 表示一个粒子自节点 j 跳转至节点 k；$|q,p\rangle$ 的含义为另一粒子从节点 p 向节点 q 跳转。根据张量积的运算特点，移位算符 $\hat{S}$ 的行列数将从 $2M$ 升为 $4M^2$。随之提升的还包括希尔伯特空间的维度和态向量维度。显然，2 粒子 Hadamard 行走算法在网络关键链路挖掘中所消耗的计算资源巨大，尤其在大规模网络上可行性差。

实际上，2 个粒子如果无交互，那么 2 粒子 Hadamard 行走算法就可以采用单粒子 Hadamard 行走算法替代。换而言之，对于任意一条链路 $E(j,k) \in E$，使用 2 粒子 Hadamard 行走对节点 j 和节点 k 的联合测量结果等价于单粒子 Hadamard 行走算法对节点 j 和节点 k 独立测量结果的复合。当采用单粒子 Hadamard 行走算法时，移位算符的维度仍然为 $2M$，不消耗额外的计算资源。因此，将 Hadamard 行走算法对一条链路 $E(j,k)$ 的打分方法定义为

$$P_{E(j,k)}^{(t)} = e^{P(j;t)} e^{P(k;t)} \tag{4-11}$$

$$P(j;t) = \sum_{k=1}^{N(j)} |\alpha_{j,k}(t)|^2 \tag{4-12}$$

式中，$P_{E(j,k)}^{(t)}$ 表示在 t 步行走后，链路 $E(j,k)$ 的打分结果；$P(j;t)$ 和 $P(k;t)$ 分别为 t 步行走后，使用单粒子 Hadamard 行走算法对节点 j 和节点 k 的测量结果。公

式（4-11）中，因为测量结果的值为介于 0～1 的小数，$P(j;t) \in [0,1]$，所以引入指数函数 e^x 将全部节点的小数结果转化为大于 1 的值。由此，$P_{E(j,k)}^{(t)}$ 的值越大则链路 $E(j,k)$ 在网络中越重要。$P(j;t)$ 和 $P(k;t)$ 的计算方法参考公式（4-12）。

4.2.2　Hadamard 行走算法的关键链路挖掘实验

为验证本节所提出的 Hadamard 行走算法在关键链路挖掘中的效果，本节设计两项实验，分别展示算法对关键链路挖掘的平均性能和细节表现，两项实验均以公式（4-1）为度量依据。在该部分实验中，选取 Dolphins、Polbooks、Adjnoun、Jazz、Metabolic 以及 Email 网络为实验数据集，选择 Fourier 行走算法[111]、Grover 行走算法[111]、QPageRank 算法[119]、度乘积（degree product，DP）算法[170]以及传播强度（diffusion intensity，DI）算法[171]为对比。实验网络数据的统计学特征和介绍参考本书附录。

1. 关键链路挖掘的平均性能

算法挖掘关键链路的平均性能是指每条链路经公式（4-1）计算后的平均值，它反映的是算法在关键链路挖掘问题中的整体水平。因算法性能的评价依据为移除关键链路后网络的瓦解程度，所以算法在平均性能实验中的度量值越低越好。不同算法在关键链路挖掘中平均性能的实验结果如图 4-3 所示，其中每个方块表示一种算法在某个网络中挖掘关键链路的整体性能，方块颜色越浅，其对应算法的关键链路挖掘性能越佳。

根据图 4-3 的实验结果，本节有如下分析：①对于任意网络数据集，基于量子行走的算法（Hadamard 行走算法、Grover 行走算法、Fourier 行走算法和 QPageRank 算法）对关键链路的挖掘能力均优于 DI 和 DP 算法。除在 Dolphins 网络中，Grover 行走算法的平均性能超过了本章所提出的 Hadamard 行走算法，在其余 5 个网络中，Hadamard 行走算法的平均性能在对比算法中均是最佳的。

②受空间复杂度影响，QPageRank 算法在 Jazz、Metabolic 和 Email 三个网络中的平均性能无法在有效时间内计算出。虽然基于量子行走的算法在关键链路的挖掘上表现出显著优势，但 QPageRank 算法在不同规模网络上的适用性不及其他三个带硬币量子行走算法（Hadamard 行走算法、Grover 行走算法以及 Fourier 行走算法）。

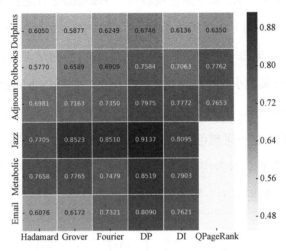

图 4-3　不同算法在关键链路挖掘中的平均性能（扫封底二维码查看彩图）

进一步，引入平均相对提高比（related improvement percentage，RIP）量化 Hadamard 行走算法与其他算法在复杂网络关键链路挖掘中的精度差异。平均相对提高比定义为 $\overline{\mathrm{RIP}} = \sum_{i=1}^{\kappa} \eta_{\mathrm{others}}^i / \eta_H^i - 1$，其中，$\eta_{\mathrm{others}}^i$ 表示某一对比算法在第 i 个网络数据中的鲁棒性度量值，η_H^i 代表 Hadamard 行走算法在同一个网络上的鲁棒性度量结果，κ 为当前算法所使用的网络数量。根据 $\overline{\mathrm{RIP}}$，对比 Grover 行走算法、Fourier 行走算法以及 QPageRank 算法对网络关键链路的识别结果，本章的 Hadamard 行走算法的精度分别相对提高了 4.59%、9.49%和 15.55%；对比非量子行走的 DP 和 DI 算法，Hadamard 行走算法对网络关键链路的识别精度分别相对提高了 20.03%和 11.48%。综上，Hadamard 行走算法在关键链路挖掘中的精度相对其他算法提高了 4.59%～20.03%，这表明 Hadamard 行走算法能够准确地识别出复杂网络的关键链路。

2. 关键链路挖掘的细节表现

　　不同算法在关键链路挖掘中的细节表现仍然运用公式（4-1）进行评价，该实验细化了经由算法排序的每条链路的重要程度。不同算法在关键链路挖掘问题中的细节表现如图4-4所示，其中黑色实线对应Hadamard行走算法，对比算法为彩色虚线。根据公式（4-1）的鲁棒性指标，当网络中全部链路被移除后，鲁棒性的度量结果必然为0，即每个算法在图4-4中的曲线必然为从1至0的下降曲线，且鲁棒性指标度量结果越小说明链路越重要。因此，曲线的下降速度是图4-4实验结果中的一项关键信息。此外，关键链路的关键性仅针对排序靠前的少量链路而言，并非全部链路。这一思想可参考社交网络影响力最大化[134]及复杂网络关键节点识别研究[172]。因此，针对图4-4的实验结果，着重分析算法对应曲线在移除前半部分（前50%）链路后的下降速度。

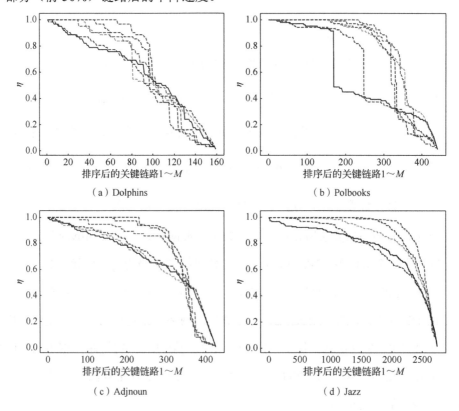

　　（a）Dolphins　　　　　　　　　　（b）Polbooks

　　（c）Adjnoun　　　　　　　　　　（d）Jazz

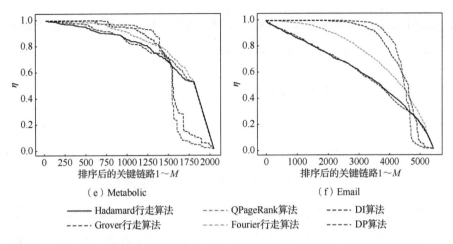

（e）Metabolic　　　　　　　　　　　（f）Email

—— Hadamard行走算法　　---- QPageRank算法　　---- DI算法
---- Grover行走算法　　　---- Fourier行走算法　　---- DP算法

图 4-4　不同算法在关键链路挖掘问题中的细节表现（扫封底二维码查看彩图）

从图 4-4 的实验结果来看，有如下分析：①在前半部分的关键链路的挖掘结果中，Hadamard 行走算法对应曲线的下降速率最快，在图 4-4（b）～（e）中表现得尤为明显。②三个带硬币量子行走算法的挖掘关键链路能力从强到弱的排序为：Hadamard 行走算法>Grover 行走算法>Fourier 行走算法。③在图 4-4（e）和（f）中，DI 和 DP 算法尽管在后半部分关键链路的排序上更为准确，但该部分的链路均为非关键链路，关键链路挖掘问题仅关注网络中的关键少数。因此，可以认为Hadamard 行走算法在复杂网络关键链路挖掘中具有高精度的识别能力。

4.2.3　Hadamard 行走在动态无人机网络中的应用

近几年，无人机在野生动物保护、环境监测、航拍和森林防火等领域发挥了重要作用[173]。假设无人机为节点，无人机间的通信关系为链路时，无人机群的通信情况即可表示为一个在单位平面内的复杂网络。尤其受限于有限的传输功率，无人机之间仅能在一定范围内实现通信，因此在飞行过程中无人机通信网络属于典型的动态复杂网络（temporal complex network）。本节考虑以无人机通信网络为例的动态网络，利用 Hadamard 行走算法挖掘动态网络中的关键无人机节点。

本节内容包括：定义用于仿真动态无人机通信网络的无人机模型；分析使用

Hadamard 行走挖掘关键无人机节点的原理；对比其他经典算法，评估 Hadamard 行走算法在动态网络关键节点挖掘中的有效性。

1. 无人机通信网络仿真模型

基于复杂网络理论，本节定义用于模拟无人机通信网络的仿真模型。如图 4-5（a）所示，无人机被视为节点，无人机间有效的通信关系被抽象为一条链路，无人机在某时刻的通信情况则为一个由节点和链路构成的复杂网络。假设无人机的飞行情况在一个单位平面内展示，任意无人机的飞行状态均由飞行速度 v_i、可变的飞行角度 ϕ_i 以及相对飞行位置 Pos_i 三个可控参数确定。在 τ 时刻，无人机 i 在单位平面上的相对飞行位置 Pos_i 即可由无人机 i 的飞行角度 ϕ_i 确定，该过程如图 4-5（b）所示，其形式化表达为

$$\mathrm{Pos}_i^{(\tau)} = \left(\cos \phi_i^{(\tau)}, \sin \phi_i^{(\tau)} \right) \tag{4-13}$$

基于公式（4-13）的定义，当全体无人机的相对位置已知时，可以利用欧几里得距离公式进一步获悉任意一对无人机之间的通信距离。在单位平面内，记 $d_{i,j}^{(\tau)}$ 表示无人机 i 和无人机 j 间的直线距离，其计算公式定义为

$$d_{i,j}^{(\tau)} = \sqrt{\left(\cos \phi_i^{(\tau)} - \cos \phi_j^{(\tau)} \right)^2 + \left(\sin \phi_i^{(\tau)} - \sin \phi_j^{(\tau)} \right)^2} \tag{4-14}$$

若给定一个有效的通信半径 γ，那么当且仅当无人机 i 和无人机 j 间的直线距离小于半径 γ 时，两无人机间才能形成一条链路；否则二者间不存在链路。

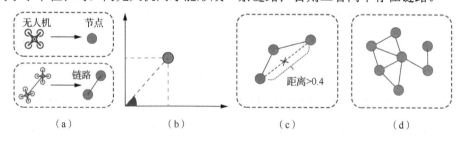

图 4-5　无人机通信网络的仿真过程

利用有效通信半径和无人机间直线距离判断节点间有无链路,这同由 0 和 1 构成的邻接矩阵思想异曲同工。记 $E^{(\tau)}$ 为 τ 时刻无人机通信网络链路的集合,则构建 τ 时刻无人机间通信关系的过程可定义为

$$\begin{cases} E(i,j) \in E^{(\tau)}, & d_{i,j}^{(\tau)} \leqslant \gamma \\ E(i,j) \notin E^{(\tau)}, & d_{i,j}^{(\tau)} > \gamma \end{cases} \tag{4-15}$$

一般而言,无人机群中无人机的传输功率是相等的,因此全局仅存在一个有效的通信半径,在本实验中 $\gamma = 0.4$。图 4-5(c)为上述计算过程的一个简单示例。综上,用于仿真无人机通信网络的模型可定义为

$$\mathfrak{I} = \{\tau, \gamma, N, E^{(\tau)}, v, \phi, \text{Pos}\} \tag{4-16}$$

在任意时刻,均可得到由无人机节点集 N 和链路集 $E^{(\tau)}$ 构成的网络快照(snapshop),图 4-5(d)为一个无人机通信网络快照的示例。

以 10 台无人机为例,假设每台无人机的初始位置在单位平面内是随机分布的,每台无人机单位时间的飞行速度均为 0.02 单位距离,且飞行角度为 $\phi \in (0, 2\pi)$。基于 LabView 编程环境,在相等时间间隔下,无人机通信网络快照的仿真结果可参考图 4-6。

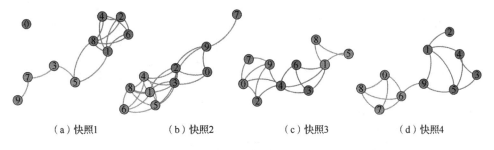

（a）快照1　　　　　（b）快照2　　　　　（c）快照3　　　　　（d）快照4

图 4-6　相等时间间隔下无人机通信网络快照的仿真结果

2. Hadamard 行走挖掘动态网络关键节点的原理

在动态复杂网络中,一条链路在当前时刻的网络快照中可能存在,而在下一

时刻可能消失。作为关键链路的组成部分，动态无人机网络中的无人机节点不会消失，发生变化的仅可能是无人机之间依存的通信关系，即链路。关键链路成为挖掘动态网络关键节点的主要依据。此外，因 Hadamard 行走算法的测量结果与关键节点并非直接相关，所以本节利用关键链路中节点的出现频次确定动态无人机通信网络的关键无人机节点。出现频率越高的无人机节点则在整个通信网络中更为重要。

Hadamard 行走算法用于动态网络关键节点识别的流程可参考图 4-7。首先，以时间为线索将处于飞行状态的动态无人机通信网络表达为不同时刻的网络快照，动态网络如图 4-7（a）所示。以图 4-7（b）中某时刻的网络快照为例，使用 Hadamard 行走算法对该网络快照中 23 条链路的关键性由高到低排序，排序结果如图 4-7（c）所示。通过 4.2.2 节的实验可知：在鲁棒性指标下，Hadamard 行走算法对前 50%关键链路的排序精度极高，因此取图 4-7（c）中前 50%的排序结果作为关键无人机节点的候选集，该结果向下取整，得到图 4-7（d）。任意一条链路均包含两个节点，最后统计前 50%关键链路中全部节点的出现频次，以此作为无人机节点重要性的评分。图 4-7（e）给出了一种可能的排序结果。

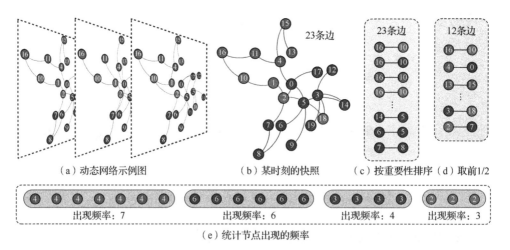

（a）动态网络示例图　　　（b）某时刻的快照　　（c）按重要性排序（d）取前1/2

（e）统计节点出现的频率

图 4-7　Hadamard 行走算法用于动态网络关键节点识别的流程图

利用 Hadamard 行走算法挖掘动态无人机通信网络中的关键无人机节点，其依据为前 50%关键链路中节点的出现频率。同传统的动态网络中心节点发现算法不同，依据关键链路确定关键节点的研究思路同时考虑了动态复杂网络的连通性、可达路径和节点频率信息，是 Hadamard 行走算法在动态网络上的延伸应用。

3. 动态复杂网络关键节点挖掘实验

本节选择动态度中心性（temporal degree centrality，TDC）算法[174]、动态 PageRank（temporal PageRank，TPR）算法[145]、动态介数中心性（temporal betweenness centrality，TBC）算法[175]作为对比方法，以图 4-6 中的无人机通信网络快照为动态网络实验数据，设关键节点的数量为 5，动态网络中关键节点挖掘的实验结果参考表 4-1。表 4-1 中，每个算法所选拔关键节点在不同快照中的度量值均基于 SIR 模型计算所得，且每个度量值均为重复计算 10^4 后的均值，SIR 模型评价关键节点的方法可以参考 3.1 节。

根据表 4-1 的实验结果可知，本章提出的 Hadamard 行走算法在动态网络关键节点挖掘任务上优于其他对比算法，其基于 SIR 模型的最终仿真结果的累加值最高。TDC 算法在选拔关键节点时主要受两方面信息影响：①不同时刻节点的度值可能存在极大变化；②在稠密的网络快照中，大多数节点的度值相等。因此，使用 TDC 算法较难选拔出动态复杂网络的关键节点。对于 TPR 算法，由于其主要针对有向复杂网络，因此在无向的动态无人机通信网络中发挥的作用有限。此外，尽管 TBC 和 Hadamard 行走算法的时间复杂度均对稠密网络十分敏感，但 Hadamard 行走算法识别动态复杂网络关键节点的性能优于 TBC 算法。

准确挖掘动态无人机通信网络中的关键无人机节点可以对关键无人机实施特殊保护，增强无人机通信网络的鲁棒性。由此可见，本章提出的 Hadamard 行走算法对复杂网络的结构挖掘具有一定的实用价值。

表 4-1　动态网络关键节点挖掘结果

对比算法	快照 1	快照 2	快照 3	快照 4	仿真结果	节点编号
Hadamard	**6.233**	6.530	5.654	**7.688**	**26.105**	0,4,6,7,8
TDC	5.552	6.478	5.830	6.096	23.956	1,4,5,6,8
TPR	5.573	6.506	5.840	6.123	24.042	1,4,5,6,8
TBC	6.084	**7.301**	**6.269**	5.759	25.413	1,4,5,6,9

注：加粗数据表示不同快照中仿真结果的最大值。

4.3　量子行走在链路预测中的应用

本节介绍一种基于连续时间量子行走的链路预测算法及一种具有简化思想的离散时间量子行走算法，二者能以高精度预测出复杂网络的丢失链路。

4.3.1　量子链路预测算法

量子链路预测（quantum link prediction，QLP）算法是目前已知的唯一使用连续时间量子行走的链路预测算法，它由 Moutinho 等[176]定义并在 arXiv 平台发表。根据 2.1.2 节公式（2-18）对连续时间量子行走演化方程的定义可知，当薛定谔方程中的哈密顿量被网络的邻接矩阵替代时，由 $\mathrm{e}^{-\mathrm{i}At}$ 构造的演化算符基于网络连通性而演化，该计算过程可根据泰勒公式（Taylor equation）展开：

$$\mathrm{e}^{-\mathrm{i}At} = \sum_{n=0}^{k} \frac{1}{n!}(-\mathrm{i}At)^n \tag{4-17}$$

式中，A^n 表示任意节点间路径长度等于 n 的矩阵，此时仅在 n 为奇数时（$n=2k+1$），公式（4-17）的计算结果包含虚数；而当 n 为偶数时（$n=2k$），该结果不包含虚数。据此，量子链路预测算法利用连续时间量子行走的奇（odd）、偶（even）路径长度预测网络中可能存在或已经丢失的链路。进一步，量子链路预测算法对量子态的制备、演化算符的构造以及量子测量过程的定义均要以奇、偶次幂进行区分，图 4-8 给出了该算法的量子线路图。

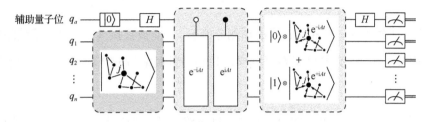

图 4-8　量子链路预测算法的量子线路图

根据图 4-8，量子链路预测算法的量子位分为两个部分：一是由 n 位量子比特表示的 N 个节点，$n = \log N$；二是辅助量子比特 $|c\rangle_a$。因此，t 时刻节点 j 的量子态表示为

$$\left|\psi_j\left(t\right)\right\rangle = \sum_{c=0}^{1} |c\rangle_a \left(\frac{\mathrm{e}^{-\mathrm{i}At} + (-1)^c \, \mathrm{e}^{\mathrm{i}At}}{2} \right) |j\rangle_n \qquad (4\text{-}18)$$

为使量子链路预测算法的奇偶思想同链路预测间的关系更为明显，重写公式（4-18）为

$$\left|\psi_j\left(t\right)\right\rangle = |0\rangle_a \left(\sum_{k=0}^{+\infty} c_{\mathrm{even}}\left(k,t\right) A^{2k} \right) |j\rangle_n + i|1\rangle_a \left(\sum_{k=0}^{+\infty} c_{\mathrm{odd}}\left(k,t\right) A^{2k+1} \right) |j\rangle_n \qquad (4\text{-}19)$$

式中，$c_{\mathrm{odd}}\left(k,t\right)$ 和 $c_{\mathrm{even}}\left(k,t\right)$ 分别为按奇、偶定义的时间独立系数，二者的计算方法为

$$c_{\mathrm{odd}}\left(k,t\right) = \frac{(-1)^{k+1} \, t^{2k+1}}{(2k+1)!}, \quad c_{\mathrm{even}}\left(k,t\right) = \frac{(-1)^{k} \, t^{2k}}{(2k)!} \qquad (4\text{-}20)$$

针对初始节点 j，粒子在节点 i 上停留的概率仍以奇、偶作区分并单独测量，则 $p_{i,j}$ 表示链路 $e(i,j) \in E$ 的预测分数。$p_{i,j}$ 的计算方法为

$$p_{i,j}^{\mathrm{odd}} \propto \left| \left\langle i \right| \left(\sum_{k=0}^{+\infty} c_{\mathrm{odd}}\left(k,t\right) A^{2k+1} \right) |j\rangle \right|^2 \qquad (4\text{-}21)$$

$$p_{i,j}^{\text{even}} \propto \left| \left\langle i \left| \left(\sum_{k=0}^{+\infty} c_{\text{even}}(k,t) A^{2k} \right) \right| j \right\rangle \right|^2 \qquad (4\text{-}22)$$

在量子线路中，链路 $e(i,j)$ 的预测分值 $p_{i,j}$ 不能被直接读出，但量子链路预测算法可以对测得的分布结果重复抽样，找到测量概率与 $p_{i,j}^{\text{even}}$ 或 $p_{i,j}^{\text{odd}}$ 成比例的链路 $e(i,j)$。

根据量子链路预测（QLP）算法，度量路径长度为奇数时，其效果普遍且明显优于偶数路径长度的链路预测表现。2021 年，Zhou 等[177]在 137 个复杂网络上探讨了二跳（2-hop）和三跳（3-hop）路径长度对链路预测精度的影响，大量基于 AUC 指标和精度指标的实验结果表明二者均能完成链路预测任务，并且基于三跳路径的算法在低密度和低平均聚类系数网络上更具优势。当路径长度分别为奇数和偶数时，二者包含的特征即为全部节点的三跳和二跳路径信息。由于 QLP 算法表明奇数路径长度的链路预测效果更优，故本节着重分析 QLP 算法同已知经典三跳链路预测算法的异同。实验选择 Yeast、Facebook 以及 Wiki-vote 网络作为实验数据，3 个网络的介绍参考本书附录；选择线性优化（linear optimization，LO）算法[178]、网络的三阶邻接矩阵 A^3 以及度值归一化的三阶（paths of length three，L3）算法[179]作为对比。将不同算法对网络全部链路的预测分值降序排列，取前 10^4 条链路为样本，QLP 算法与 LO、A^3 以及 L3 算法链路预测结果的重叠比率如表 4-2 所示，例如，Yeast 网络中当 QLP 算法参数 t 取 0.1 时，QLP 算法与 LO 算法的前 10^4 条链路中包含 8911 条相同链路，即 89.11%。在表 4-2 中，第二列参数 t 特指 QLP 算法中时间参数 t 的取值情况，括号内的标注信息为 LO 算法中参数 α 的取值。

根据表 4-2 实验结果，有如下结论：①随着 QLP 算法中参数 t 的增大，QLP 算法同其他基于三跳邻域信息的算法相比，其链路预测精度有所下降。②当 QLP 算法的 t 值较小时，QLP 同其他三跳链路预测算法的预测结果高度一致。实验表明取奇数路径长度且参数 t 值较小时，基于连续时间量子行走的 QLP 算法能以高精度预测复杂网络可能存在的链路。

表 4-2　QLP 算法同 LO、A^3 以及 L3 算法链路预测结果的重叠比率

网络数据集	参数 t 取值	QLP 同 LO	QLP 同 A^3	QLP 同 L3
Yeast	0.001	100.00% ($\alpha=1.67\times10^{-10}$)	99.72%	89.42%
	0.010	100.00% ($\alpha=1.67\times10^{-7}$)	99.72%	89.41%
	0.050	97.17% ($\alpha=2.08\times10^{-5}$)	96.64%	89.35%
	0.100	89.11% ($\alpha=1.67\times10^{-4}$)	85.18%	89.11%
	0.500	40.98% ($\alpha=2.08\times10^{-2}$)	10.95%	81.55%
	0.800	44.60% ($\alpha=8.53\times10^{-2}$)	5.67%	67.15%
	1.000	47.53% ($\alpha=1.67\times10^{-1}$)	3.36%	51.13%
Facebook	0.001	99.98% ($\alpha=1.67\times10^{-10}$)	99.98%	97.58%
	0.010	98.77% ($\alpha=1.67\times10^{-7}$)	98.74%	97.58%
	0.050	59.75% ($\alpha=2.08\times10^{-5}$)	55.79%	97.64%
	0.100	50.40% ($\alpha=1.67\times10^{-4}$)	41.87%	97.55%
	0.500	28.27% ($\alpha=2.08\times10^{-2}$)	50.30%	54.47%
	0.800	24.10% ($\alpha=8.53\times10^{-2}$)	31.70%	30.66%
	1.000	23.11% ($\alpha=1.67\times10^{-1}$)	27.20%	36.92%
Wiki-vote	0.001	100.00% ($\alpha=1.67\times10^{-10}$)	99.99%	94.35%
	0.010	98.46% ($\alpha=1.67\times10^{-7}$)	98.41%	94.34%
	0.050	53.63% ($\alpha=2.08\times10^{-5}$)	48.87%	94.09%
	0.100	36.49% ($\alpha=1.67\times10^{-4}$)	20.66%	93.21%
	0.500	17.65% ($\alpha=2.08\times10^{-2}$)	53.00%	56.48%
	0.800	19.26% ($\alpha=8.53\times10^{-2}$)	41.10%	26.51%
	1.000	25.31% ($\alpha=1.67\times10^{-1}$)	41.40%	20.87%

4.3.2　简化量子行走算法

简化量子行走算法是本书作者发表在 *Entropy* 期刊上的一项成果[180]，其简化

之处在于网络上希尔伯特空间的压缩。为定义简化量子行走算法在复杂网络上的希尔伯特空间，首先要确定网络上每个节点可选择的行走方向的数量。针对 4.1 节定义的网络 $\tilde{G} = (V, E^{\mathrm{T}})$，本节提出一种将邻域节点化零为整的思想：视节点 j 的邻居为一个整体并记为 $w_{N(j)}$，任意节点 $j \in V$，那么此时节点 j 仅能有两个方向作为行走的路径，一个路径是围绕节点 j 自身行走，另一个路径为朝向 j 的邻居行走（此时 j 的邻域已被视为一个整体）。这一化零为整的设计思想可以采用图 4-9（a）来描述，其中以虚线标记的同心圆表示被视为整体的节点 j 的直接邻居。因此，网络 $\tilde{G}$ 上希尔伯特空间维度等于网络节点数量乘以每个节点的可选择行走方向数，即 $2N$。

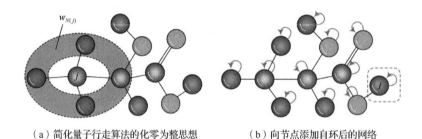

（a）简化量子行走算法的化零为整思想　　　　（b）向节点添加自环后的网络

图 4-9　简化量子行走算法设计思想

相比已有的复杂网络上量子行走的希尔伯特空间维度，简化量子行走的空间维度极大降低。例如，QPageRank 算法的空间维度为 N^2。显然，简化量子行走算法的空间维度更低，特别当 $\tilde{G}$ 属于稠密网络时，简化量子行走算法低空间维度的优势将更加明显。网络中每个节点均有两个可选择的行走方向，分别采用 $|0\rangle$ 和 $|1\rangle$ 来表示。假设初始时刻态向量是均等叠加的，其形式化表达为

$$|\psi(0)\rangle = \sum_{c=0}^{1} |c\rangle \otimes \sum_{j=1}^{N} \alpha_j(0)|j\rangle \tag{4-23}$$

式中，$|j\rangle$ 为节点 j 的标准基；$\alpha_j(0)$ 为节点 j 在初始时刻的概率振幅，因初始时刻是均等叠加，所以 $\alpha_j(0) = 1/\sqrt{N}$。

简化量子行走的演化算符由硬币算符和移位算符构成，参考 Grover 算符的定

义形式，其硬币算符中的任意元素定义为

$$G_{j,k}^{C} = -\delta_{j,k} + \frac{2}{|\Gamma(j,k)|} \qquad (4\text{-}24)$$

在公式（4-24）中，当 $e(j,k) \notin E^{\mathrm{T}}$，则 $\delta_{j,k} = 0$；否则，$\delta_{j,k}$ 为 1；$\Gamma(j,k)$ 表示节点 j 和节点 k 的共同邻居。根据公式（4-24）的定义可知，简化量子行走算法的硬币算符包含了节点间相似性信息。关于移位算符，假设 $|0\rangle$ 和 $|1\rangle$ 分别表示节点沿着自环行走和朝向其邻居行走，那么移位算符 S 将定义为不同行走方向的累加：

$$S = \sum_{j=1}^{N} \left(|0,j\rangle\langle j,0| + \frac{1}{\sqrt{|N(j)|}} \sum_{k=1}^{N(j)} |1,j\rangle\langle k,1| \right) \qquad (4\text{-}25)$$

由公式（4-25）计算得到的移位算符，可以看作是由四个行列数相同的分块矩阵构成的大矩阵，其中包括两个分别位于对角位置的单位阵和包含网络 $\tilde{G}$ 邻接关系的矩阵，另外两个均为零矩阵。移位算符在计算上呈现出这样的特点，具有特殊的优势。例如，单位矩阵的作用相当于为网络 $\tilde{G}$ 中的每个节点添加自环，并且自环在一定程度上可以降低回溯的负面作用，其原理类似于三态量子行走的结论[97,99]。当粒子在当前节点上停留的概率提高，那么粒子在其他节点上停留的概率则相对降低。关于回溯，可参考 2.2.3 节。以图 4-9（b）所示的网络为例，节点 j 作为边缘节点，在一步行走后，粒子在其上仅能从节点 j 跳向其唯一邻居；而向边缘节点 j 添加自环后，粒子自节点 j 跳转其邻居的概率则大幅度降低。

　　演化算符由硬币算符和移位算符复合而成，因此可以定义为 $U = S \cdot (G \otimes \hat{I})$。经过有限步行走，网络 $\tilde{G}$ 上测得的概率可用于为集合 E^{U} 中每一条链路的相似性评分。对于任意一条链路 $e(j,k) \in E^{\mathrm{U}}$，其测量结果 $P_{e(j,k)}$ 即为 $e(j,k)$ 作为一条丢失链路的概率。设演化算符被应用 t 次，链路 $e(j,k)$ 的相似性测量结果定义为

$$P_{e(j,k)} = \langle \hat{j} \,|\, U \,|\, \psi(t) \rangle = \left\langle \hat{j} \,\middle|\, U^{t} \,\middle|\, \psi(0) \right\rangle \qquad (4\text{-}26)$$

$$\left|\hat{j}\right\rangle=\frac{\left|\Gamma(j,k)\right|}{\left|E^{\mathrm{T}}\right|}\sum_{c=0}^{1}\left|j\right\rangle\otimes\left|c\right\rangle \tag{4-27}$$

式中，$\langle\hat{j}|$ 为 $|\hat{j}\rangle$ 的共轭转置。需要说明的是，公式（4-26）虽然是对节点 j 的测量，但这一测量结果能够代表链路 $e(j,k)$ 的评分。因为节点 j 的邻域信息已经包含在公式（4-27）中，为尽可能减少回溯产生的负面作用，简化量子行走的步长被设为 2。

下面基于 AUC 指标验证本节所提出简化量子行走算法的链路预测性能，选取 14 种具有代表性和新颖性的算法作为对比方法，包括共同邻居（common neighbors，CN）[181]、Salton[182]、Jaccard[183]、Sorenson[184]、中心有利指标（hub promoted index，HPI）[185]、中心不利指标（hub-depresses index，HDI）[186]、偏好连接（preferential attachment，PA）[187]、Adamic-Adar（AA）[188]、资源分配（resource allocation，RA）[186]、局部路径（local path，LP）[186]、Katz[189]、平均通勤时间（average commute time，ACT）[190]、余弦相似性（similarity by cosine，Cos+）[191]以及邻居属性（neighbor contribution，NC）[192]算法。上述算法相似性矩阵的计算方法参考表 4-3。

表 4-3　链路预测对比算法的相似性矩阵定义

对比算法	计算公式	简介
CN	$\|N(j)\bigcap N(k)\|$	一对节点的共同邻居数量
Salton	$\dfrac{\|N(j)\bigcap N(k)}{\|N(j)\|\cdot\|N(j)\|}$	基于共同邻居的局部指标
Jaccard	$\dfrac{\|N(j)\bigcap N(k)\|}{\|N(j)\bigcup N(k)\|}$	基于共同邻居的局部指标
Sorenson	$\dfrac{2\|N(j)\bigcap N(k)\|}{\|N(j)\|+\|N(k)\|}$	基于共同邻居的局部指标
HPI	$\dfrac{\|N(j)\bigcap N(k)\|}{\min(\|N(j)\|,\|N(k)\|)}$	基于共同邻居的局部指标
HDI	$\dfrac{\|N(j)\bigcap N(k)\|}{\max(\|N(j)\|,\|N(k)\|)}$	基于共同邻居的局部指标
PA	$\|N(j)\|\cdot\|N(j)\|$	基于节点度值的偏好连接

续表

对比算法	计算公式	简介
AA	$\displaystyle\sum_{z\in N(j)\cap N(k)}\frac{1}{\log\mid N(z)\mid}$	基于共同邻居的局部算法
RA	$\displaystyle\sum_{z\in N(j)\cap N(k)}\frac{1}{\mid N(z)\mid}$	基于共同邻居的局部算法
LP	$A^2+\theta A^3$	基于局部路径的相似性算法
Katz	$(I-\upsilon A)^{-1}-I$	基于全局路径的相似性算法
ACT	$\dfrac{1}{l_{jj}^{+}+l_{kk}^{+}-2l_{jk}^{+}}$	基于全局随机行走的指标
Cos+	$\dfrac{l_{jk}^{+}}{\sqrt{l_{jj}^{+}\cdot l_{kk}^{+}}}$	基于全局随机行走的指标
NC	$\displaystyle\sum_{l=2}^{3}\left(\sum_{z\in N(j)}\frac{\frac{\mid N(z)\mid}{\max\left(N(j)\right)}}{2M}\pi_{jk}^{(l)}+\sum_{z\in N(k)}\frac{\frac{\mid N(z)\mid}{\max\left(N(k)\right)}}{2M}\pi_{kj}^{(l)}\right)$	基于局部随机行走的指标

在表 4-3 中，$N(j)\cap N(k)$ 表示节点 j 和节点 k 的共同邻居；对于 $z\in N(j)\cap N(k)$，z 表示节点 j 和节点 k 共同邻居集中的节点；Katz 算法中，υ 表示网络中高阶路径的权重参数，一般设为邻接矩阵最大特征的倒数；在 ACT 算法和 Cos+算法中，l_{jk}^{+} 为矩阵 L^{+} 中第 j 行第 k 列的元素，其中 L^{+} 为复杂网络 G 的拉普拉斯矩阵的伪逆[168]。此外，在 NC 算法中，符号 $\pi_{jk}^{(l)}$ 表示粒子从节点 j 出发停留在其 l 跳邻域节点 k 上的概率。

本节链路预测实验中随机数 μ 的取值分别为 0.9 和 0.8，其含义为链路集 E 中分别有 90%和 80%的链路被用作训练集 E^{T}，而其余 10%和 20%分别用作预测集 E^{P}。本实验选择 Karate、Brain、Adjnoun、Email-univ、USAir、IceFire、Yeast、Email 以及 Economic 网络作为测试数据集。基于 AUC 指标的链路预测结果如图 4-10 和图 4-11 所示，其中每个色块对应一种算法在一个网络上的 AUC 值。为方便观察实验结果，不同算法在同一个网络数据集中的最高 AUC 值被标记了一个红色三角号。算法的 AUC 值越高，则说明其预测网络可能存在链路的性能越佳。

如图 4-10 所示，本章提出的简化量子行走算法在 7 个网络数据集上的 AUC 值均为最高，此 7 个网络数据集包括 Karate、Brain、Adjnoun、Email-univ、Economic、IceFire 和 Yeast 网络。如图 4-11 所示，本章提出的简化量子行走算法在 6 个网络数据集上的 AUC 值均超过其他 14 个对比算法，6 个网络数据集包括 Karate、Brain、Adjnoun、Email-univ、IceFire 和 Yeast 网络。具体而言，从不同类型链路预测算法的角度分析，有如下结论。

（1）对比基于局部邻居的算法，如 CN、Salton、Jaccard、Sorenson、HPI 和 HDI 算法，上述算法和本章提出的简化量子行走算法尽管均包含节点对之间的共同邻居信息，但通过 AUC 指标的实验结果，本章的简化量子行走模型在链路预测问题上的精度远高于基于局部邻居的算法。值得注意的是，局部信息算法中，也包括基于局部路径的 LP 算法。如图 4-10 和图 4-11 所示，LP 算法在链路预测问题上的精度无法同本章的简化量子行走算法相媲美，并且 LP 算法的步长为 3，即包含三跳邻域信息，而简化量子行走算法的行走步长仅设为 2。

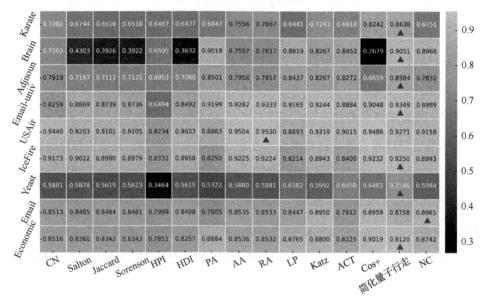

图 4-10　当 $\mu = 0.9$ 时各算法的 AUC 值（扫封底二维码查看彩图）

（2）相比全局算法（Katz）和随机游走算法（ACT 和 Cos+），本节提出的简化量子行走算法仍然在整体上具有最高的 AUC 结果，其中仅在 Email 网络上，Katz 算法的 AUC 值略高于本章所提出的算法，如图 4-11 所示。

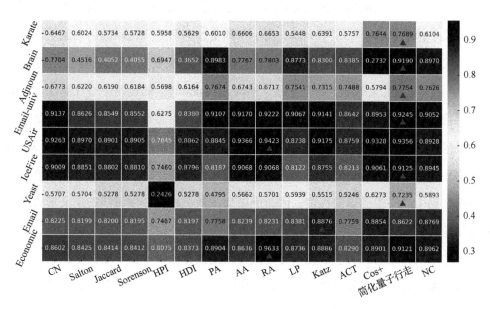

图 4-11　当 $\mu = 0.8$ 时各算法的 AUC 值（扫封底二维码查看彩图）

（3）应当引起注意的是简化量子行走算法同 NC 算法在 AUC 指标上的对比结果，NC 算法属于一种局部的随机游走方法，然而其仅在 Email 网络上的 AUC 值超越了简化量子行走算法，如图 4-10 所示。

（4）此外，RA 算法尽管被认为是一种极具竞争力的经典方法，但是 RA 算法的表现在整体上无法超越本章的简化量子行走算法。以图 4-11 中 RA 算法和简化量子行走算法在 USAir 网络上的 AUC 表现为例，二者的 AUC 值高度近似，分别为 0.9423 和 0.9356。图 4-10 和图 4-11 的实验结果表明，本节提出的简化量子行走算法能够以高精度完成网络的链路预测任务。

4.4　本章小结与讨论

本章介绍了三种用于复杂网络链路挖掘的算法，包括用于挖掘静态网络关键链路和动态网络关键节点的 Hadamard 行走算法（4.2 节）、用于链路预测的连续时间量子行走算法（4.3.1 节）以及用于预测复杂网络丢失链路的简化量子行走算法（4.3.2 节）。此外，基于量子行走的复杂网络关键链路挖掘算法还包括由 Lockhart 等[193]定义的基于霍列沃量（Holevo quantity）的链路中心性算法，该算法将待评估链路从网络中移除，据此每条链路的初始态、密度算符和测量结果分别根据"包含待评估链路"和"不包含待评估链路"两种情形而定义。参照 3.3.2 节 QJSD 中公式（3-41），当待评估的个体被替换为链路时，即可度量出某条被移除链路在整个网络中的重要程度。因基于霍列沃量链路中心性算法的定义形式和主要结论同 3.3.2 节内容类似，不再赘述。

本章所介绍的三种基于量子行走的链路挖掘算法引申出一条共性结论：复杂网络上量子行走的测量结果一方面可以反映出网络拓扑特性，另一方面还可以预测出网络的演化趋势，例如预测网络中未来可能存在的链路。这意味着可以据此设置一个复杂网络上量子行走的反问题，即在已知初始概率振幅和若干步量子行走测量结果的条件下，反推网络结构，即节点间的链路关系。图 4-12 给出两个根据初始振幅和概率分布反推原始网络结构的简单案例，其中二维坐标的纵轴方向表示测得的概率分布，横轴方向代表不同的节点。以图 4-12（a）中长度为 7 的直线为例，当已知离散时间量子行走在该条直线上的初始概率振幅以及第 1 至第 3 步行走后的测量结果时，根据奇数步长偶数位置点概率为 0 的特点（参考 2.1.1 节实验结论）可反推该图形为具有 7 个节点的直线，其中二维坐标的纵轴方向表示测得的概率分布，横轴方向代表不同的节点。以图 4-12（b）中的星状网络为例，当连续时间量子行走的初始振幅设为均等叠加，且已知前 3 个时刻的量子测量结果时，根据中心节点概率高于边缘（也称悬挂）节点概率以及中心节点概率向 4 个边缘节点转移的特点可以推出原始网络为星状图。如果量子系统的已知分布是在量子行走生成随机序列的过程中暴露的，便可能根据已知分布推理出原始网络拓扑，进一步则意味着所生成的密钥存在着被破解的可能。2.2.1 节中提到过：复杂网络虽然具有复杂性，但其中的子结构是大量重复且相似的。通过大量数据总结网络结构及其对应分布的特征，以此作为训练样本，基于机器学习的方法则能以一定的概率通过已知分布反推出复杂网络拓扑结构。由此可见，量子行走测量结果的反问题或成为量子行走研究的新挑战，也将引发大量机器学习方法涌入该量子测量的反问题中。

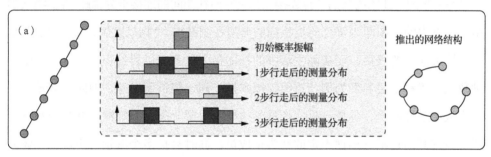

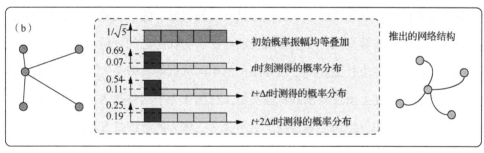

图 4-12　根据已知分布反推网络拓扑的图示

第 3 章及本章量子行走在复杂网络节点和链路挖掘中的应用属于微观尺度的结构挖掘，研究视角可以进一步扩展至中观尺度，利用量子行走挖掘复杂网络中有意义的子图结构，即网络社团。第 5 章将介绍网络社团发现中的量子行走算法。

第5章 量子行走在网络社团发现中的应用

5.1 复杂网络社团发现问题描述及评价指标

复杂网络社团发现（community discovery）也称社区检测（community detection）或网络模块（modularity）挖掘。社团的定义尚存在争论[194]，但社团的特征是清晰的：社团内部的节点连接尤为紧密而社团间的连接十分稀疏，图4-1（a）中虚线框内的子图即为符合此类特征的典型社团结构。"物以类聚，人以群分"是对社团最简明的概括，而实际生活中的社团极为复杂。以科幻小说《三体》中的神秘组织"科学边界"为例，该组织原本拥护同一纲领而组建，但随时间推移组织内成员各怀心思、各执己见，使科学边界的内部分裂出降临派、拯救派和幸存派，或许其中也不乏摇摆不定的墙头草成员，同时靠拢多个派别。小说《三体》中科学边界的内部割裂说明了社团结构具有时间属性，随时间演化可能存在内部割裂或跨社团合并等变化，墙头草成员的存在表明社团之间可能存在重叠，即一个节点可以归属多个社团。科学边界组织的不同派别均有带头人，这意味着同复杂网络在宏观尺度上所反映出的特性类似，社团作为子网络其内部结构同样存在重复性、相似性和自组织性等特征。对小说《三体》的解读仅是社团结构特征的一个简单例子。实际上，网络社团发现并非只包含重叠社团（overlapping community）、非重叠社团（non-overlapping community）、动态社团（dynamic community），还包括有向社团和无向社团。因此，具体应用中的社团发现绝非理想化地图结构数据聚类（clustering）任务，其中还包含着若干复杂因素，因此社团发现算法的设计与研究具有一定挑战性。

复杂网络社团发现的研究目标为：将复杂网络节点集V中的N个节点划分为k个独立的非空子集，$k \in \mathbb{Z}^+$，每个子集代表一个社团。设C表示网络社团，非重叠社团满足如下关系：$C_1, C_2, \cdots, C_k \subseteq V$，$C_1 \bigcap \cdots \bigcap C_k = \varnothing$ 且 $C_1 \bigcup \cdots \bigcup C_k = V$。本章将介绍的三种基于量子行走的社团发现算法均针对非重叠社团。目前，社团发现的评价指标包括内部评价和外部评价两种，其中内部评价以模块化函数为代表，模块化函数用于计算算法所得的社团结果是否符合社团特征；而外部评价以网络的真实社团（ground-truth community）数据为评价依据。模块化函数由 Newman 定义[195]，也称 Q 函数。在复杂网络 $G = (V, E)$ 中，设 σ_i 为节点所属社团的编号，A 表示网络的邻接矩阵，则社团内部链路数在整个网络中的占比被定义为

$$\frac{\sum_{j,k} A_{j,k} \delta(\sigma_j, \sigma_k)}{\sum_{j,k} A_{j,k}} = \frac{\sum_{i,j} A_{j,k} \delta(\sigma_j, \sigma_k)}{2M} \tag{5-1}$$

在公式（5-1）中，仅当节点 j 和节点 k 同属一个社团时 $\delta(\sigma_j, \sigma_k) = 1$，任意节点 $j, k \in V$；否则，$\delta(\sigma_j, \sigma_k) = 0$。当社团结构固定时，在链路随机连接的复杂网络 G 中节点 j 和节点 k 之间存在链路的可能性被定义为 $|N(j)||N(k)|/2M$。由此，模块化函数[195]定义为

$$Q = \frac{1}{2M} \sum_{j,k} \left[\left(A_{j,k} - \frac{|N(j)||N(k)|}{2M} \right) \delta(\sigma_j, \sigma_k) \right] \tag{5-2}$$

根据经验，模块化函数的计算结果大多在 0.3 至 0.7 之间，模块化函数 Q 不仅可以用于评价社团发现结果的精度，还可以作为社团发现算法的启发函数以得到模块最大化的社团划分结果。2011 年，Lancichinetti 等[196]提出模块最大化（modularity maximization）不适合作为社团发现的启发信息的观点，因为在引入分辨率（resolution）参数的情况下，模块化函数存在如下问题：当分辨率参数取值较小时，社团发现结果趋于合并小规模社团；反之容易将大规模社团分解为小社团。因此，对社团发现结果的评价常同时采用内部指标和外部指标。算法的社团划分结果同真实社团数据之间的差距可以通过集合间元素的差异来量化，设算法的社团划分结果为一个分布 X，令 X 中的每个元素表示当前节点所属社团的编

号。此时一般采用归一化的互信息（normalized mutual information，NMI）指标量化分布 X 同真实社团划分结果 X' 间的差异，NMI 指标定义为

$$\mathrm{NMI}(X,X') = \frac{2I(X,X')}{H(X)+H(X')} \tag{5-3}$$

式中，函数 $H(\cdot)$ 表示社团检测结果的香农熵（Shannon entropy）；$I(X,X')$ 的计算方法为 $H(X)+H(X')-H(X,X')$；该式的最终结果 $\mathrm{NMI}(X,X') \in [0,1]$。$\mathrm{NMI}(X,X')$ 的值越大，则认为社团结果 X' 越准确。

5.2　离散时间量子行走在社团发现中的应用

本节将介绍两种用于社团发现的量子行走算法，一种为本书作者提出的两阶段量子行走算法，另一种为发表在 *Physical Review Research* 期刊的 Fourier 量子行走算法。

5.2.1　两阶段量子行走算法

两阶段量子行走算法的两阶段分别为由本书作者定义的无测量量子行走（quantum walk without measurement）和 k-means 聚类。顾名思义，无测量量子行走即不带有测量过程的量子行走。通过以往章节对离散时间量子行走的描述可知，量子行走对任意节点的测量结果均为一个小数值。当量子行走不带有测量过程，则网络中每个节点均对应演化算符中的一个分量。若这些向量（矩阵的分量）能够携带节点间的相似性信息，无测量量子行走便可以作为 k-means 算法的输入数据，而向量的聚类正是 k-means 算法所擅长的。由此，用于复杂网络社团发现的两阶段量子行走算法主要步骤为：使用无测量量子行走将节点表征为向量，该过程以节点间的相似性信息作启发；而后基于 PageRank 算法指定 k-means 算法的聚类中心（质心）；最后利用 k-means 算法对上述过程得到的向量聚类，节点的聚类结果即为算法所划分的社团。两阶段量子行走算法的流程如图 5-1 所示。

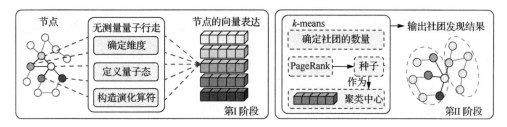

图 5-1　两阶段量子行走算法的流程图

　　两阶段量子行走算法的定义如下。首先，第一阶段无测量量子行走依据网络 G 的连通性定义节点 j 的量子态 $|\psi_j\rangle$：

$$|\psi_j\rangle = \frac{1}{|N(j)|} \sum_{k \in N(j)} |k\rangle \tag{5-4}$$

式中，$N(j)$ 表示节点 j 的邻居节点集，$j \in V$，$|k\rangle$ 表示节点 k 对应的标准基，节点 k 表示节点 j 的邻居，即 $k \in N(j)$。公式（5-4）得到的结果是一个 N 维向量，连接 N 个节点的量子态则可构造量子态 ψ。设连接 N 个量子态 $|\psi_j\rangle$ 的函数为 $\mathrm{conc}(\cdot)$，则 ψ 定义为

$$\psi = \sum_{j=1}^{N} \mathrm{conc}(|\psi_j\rangle) \tag{5-5}$$

式中，$\mathrm{conc}(\cdot)$ 将 N 个量子态 $|\psi_j\rangle$ 拼接为 $N \times N$ 矩阵 ψ，即 $|\psi_j\rangle$ 为 ψ 的一个分量。无测量量子行走的最后一个部分为演化。为了使节点对应的向量包含相似性信息，在演化过程中将节点间的共同邻居信息融入其中。设网络 G 对应的邻接矩阵为 A，则节点间共同邻居构成的矩阵表示为 $A \times A = A^2$，矩阵 A^2 中第 j 行、第 k 列元素记为 $A_{j,k}^2$，元素 $A_{j,k}^2$ 表示节点 j 和节点 k 之间的共同邻居数量。由此，参照公式（1-15）中 Grover 算符的形式，无测量量子行走的演化算符定义为

$$U = \frac{2}{A^2} \cdot \psi - \sum_{j=1}^{N} \mathrm{conc}\left[\left(\sum_{j=1}^{N} A_{j,*}^2\right) \cdot |\psi_j\rangle\right] \tag{5-6}$$

式中，$A_{j,*}^2$ 表示矩阵 A^2 的第 j 行。以上内容为两阶段量子行走的第一阶段无测量

量子行走的定义，第二阶段利用 PageRank 算法筛选 k-means 算法的聚类中心，然后利用 k-means 算法完成网络社团发现任务。基于中心节点扩展的重叠社团发现方法已被证明具有速度快和精度高的优点[197]，因此两阶段量子行走算法的第二阶段采用 PageRank 算法挖掘网络的中心节点，并将其作为 k-means 算法的聚类中心。PageRank 基于随机行走构造谷歌概率转移矩阵[145]，谷歌概率转移矩阵 Gg 的计算方法为

$$Gg = \alpha E + \frac{1-\alpha}{N}\hat{I} \qquad (5\text{-}7)$$

式中，α 为阻尼系数，常设为 0.85；$\hat{I}$ 为单位矩阵，矩阵 E 的构造方法为

$$E_{j,k} = \begin{cases} \dfrac{1}{N}, & \sum\limits_{j} A_{j,k} = 0 \\[3mm] \dfrac{A_{j,k}}{\sum\limits_{j} A_{j,k}}, & \sum\limits_{j} A_{j,k} \neq 0 \end{cases} \qquad (5\text{-}8)$$

由此，根据谷歌概率转移矩阵 Gg 计算网络中全部节点的中心性，将全部节点的中心性分值从高到低排序，优先自分值高的节点中选拔 k-means 算法的聚类中心。在复杂网络中常存在"富人俱乐部"（rich-club）现象，即中心节点间彼此紧密相连，若中心节点间距太小则会影响 k-means 算法的聚类效果，因此需设置针对高中心性分值节点的阈值 $\wp$ 避免聚类中心聚集，即要求任意一对质心节点的 PageRank 度量值满足 $\left|PR(j) - PR(k)\right| > \wp$，任意节点 $j,k \in V$ 且 $j \neq k$，其中 $PR(j)$ 表示 PageRank 算法对节点 j 的度量值。当选择 k 个高中心性分值节点时，即指定 k 个聚类中心 μ，k 个聚类中心均为 N 维向量，即 $\mu_1, \mu_2, \cdots, \mu_k \in \mathbb{R}^N$，使用 k-means 算法度量每个节点 j 归属的聚类中心，其计算方法为

$$c(j) = \underset{m,1 \leq m \leq k}{\arg\min} \left\| U_j - \mu_m \right\|^2 \qquad (5\text{-}9)$$

当节点 j 对应向量同聚类中心 μ_m 间的欧几里得距离最短时，则认定节点 j 归属聚

类中心 m，那么 m 即节点 j 归属的社团。

对比已有的离散时间量子行走，两阶段量子行走算法具有如下优势：①算法第一阶段无测量量子行走的希尔伯特空间维度已经压缩至最低（为 N），比其他离散时间量子行走更容易扩展至规模更大的网络中。②测量过程属于节点层面的运算，当网络节点数量极为庞大时，测量所产生的计算量无法忽略。无测量量子行走不仅省去测量过程，还充分利用演化过程融入节点间的相似性信息并将节点表达为向量，为准确地发现复杂网络社团结构提供启发信息。③两阶段算法将量子行走作为 k-means 算法的数据预处理过程，为已有量子行走算法的设计提供了一个新颖思路：量子行走可以作为算法若干步骤之一，而不是完全依赖量子行走本身和量子设备完成目标任务。

5.2.2　Fourier 量子行走算法

Fourier 量子行走算法由东京大学 Hatano 团队提出[111]，Fourier 量子行走即由 Fourier 算符充当硬币为粒子在复杂网络节点上的移动提供动力的量子行走。Hatano 等同时定义了两种量子行走算法，另一种为由 Grover 算符充当硬币的复杂网络量子行走，因 Fourier 算符在简并（degeneracy）实验上的表现更为优异且在复杂网络社团发现应用上的效果更佳，本节仅介绍 Fourier 量子行走算法。关于简并实验，其方法为分解演化算符得到特征值并将特征值的实部和虚部投影在一个单位复平面上，最后观察其在单位圆上的均匀分布情况。类似的实验步骤和效果可以参考本书 2.1.1 节的特征值分布实验。

根据 2.3 节的一般框架，首先基于直和运算定义 Fourier 量子行走算法的希尔伯特空间，该空间由每个节点的邻域累加得到：

$$\mathcal{H} = \oplus_{j=1}^{N} \mathcal{H}_j \tag{5-10}$$

针对无向复杂网络 $G = (V, E)$，$|E| = M$，连接两个节点的链路不具有方向性，因此全部节点邻域的加总等于二倍的网络链路总数，则希尔伯特空间维数

$D_{\mathcal{H}} = 2M$ 。由此，Fourier 量子行走量子态的长度为 $2M$ 。Fourier 量子行走和 Hadamard 行走同样采用直和运算定义空间维数，因此 Fourier 量子行走初始量子态和概率振幅的设定参考第 4 章 Hadamard 量子行走中公式（4-6）的描述，不再赘述。

　　进一步，Fourier 量子行走的演化算符的行列数亦等于 $2M$，该演化算符由硬币算符 C_F 和移位算符 S 执行矩阵乘法运算得到。为使粒子在节点 j 及其邻域节点 k 之间的跳转过程可逆，移位算符 S 需在节点 j 和节点 k 间发挥翻转作用，满足 $S|j,k\rangle = |k,j\rangle$ 。由于 Fourier 量子行走的希尔伯特空间采用直和运算复合而成，Fourier 量子行走的硬币算符也由局部硬币采用直和运算复合而成。因此，该量子行走中的局部硬币算符定义为

$$C_j^F \begin{pmatrix} |j,k_1\rangle \\ |j,k_2\rangle \\ \vdots \\ |j,k_{d_j}\rangle \end{pmatrix} = \frac{1}{\sqrt{d_j}} \begin{pmatrix} 1 & 1 & \cdots & 1 \\ 1 & e^{\phi/d_j} & \cdots & e^{(d_j-1)\phi/d_j} \\ \vdots & \vdots & \ddots & \vdots \\ 1 & e^{(d_j-1)\phi/d_j} & \cdots & e^{(d_j-1)^2\phi/d_j} \end{pmatrix} \begin{pmatrix} |j,k_1\rangle \\ |j,k_2\rangle \\ \vdots \\ |j,k_{d_j}\rangle \end{pmatrix} \quad (5\text{-}11)$$

式中，ϕ 为相位参数；d_j 等于节点 j 的邻域节点数。而后根据局部硬币构造全局 Fourier 硬币算符，同公式（5-10）的形式类似，其构造方法为

$$C_F = \oplus_{j=1}^N \left(C_j^F \right) \quad (5\text{-}12)$$

因此，Fourier 量子行走的演化算符定义为

$$U = S \cdot C_F \quad (5\text{-}13)$$

最后定义 Fourier 量子行走的测量过程，当发生 t 步行走，粒子停留在节点 j 上的概率定义为

$$P(j;t) = \sum_{k=1}^{N(j)} \left| \psi_{j,k}(t) \right|^2 \quad (5\text{-}14)$$

根据公式（5-10）～公式（5-12），每个节点在量子态中的分量均同其邻域节点数

量相关，因此公式（5-14）测量粒子停留在节点 j 上的概率时需要累加其邻域节点的概率振幅。

　　在社团发现的应用中，Fourier 量子行走的测量结果是取极限后的均值。Fourier 量子行走的定义者认为测量结果叠加了不同振荡频率（oscillation frequency）下的表现，而这种表现能由无限步行走后演化算符的特征值分解结果来量化，因此无限平均时间的计算方式是有意义的[111]。为此，参照公式（5-14），经过无限次演化后节点 i 跳转至节点 l 的平均概率 $\overline{p(i \rightarrow l)}$ 可定义为

$$
\begin{aligned}
\overline{p(i \rightarrow l)} &= \lim_{T \to \infty} \frac{1}{T} \frac{1}{k_i} \sum_{t=0}^{T-1} \sum_{m=1}^{k_l} \sum_{j=1}^{k_i} \left| \langle l \rightarrow m | U^t | i \rightarrow j \rangle \right|^2 \\
&= \frac{1}{k_i} \sum_{\mu=1}^{D} \sum_{m=1}^{k_l} \sum_{j=1}^{k_i} \left| \langle l \rightarrow m | \mu \rangle \right|^2 \left| \langle \mu | i \rightarrow j \rangle \right|^2
\end{aligned}
\tag{5-15}
$$

根据变分量子算法和 HHL 量子算法的构造形式可知[3]，演化算符可以拆解成特征态的复合，因此演化算符可表达为

$$
U = \sum_{\mu=1}^{D_{\mathcal{H}}} |\mu\rangle \, \mathrm{e}^{\mathrm{i}\theta_\mu} \, \langle \mu |
\tag{5-16}
$$

式中，$|\mu\rangle$ 为特征向量；$\mathrm{e}^{\mathrm{i}\theta_\mu}$ 表示 $|\mu\rangle$ 的特征值。结合公式（5-15）和公式（5-16），假设 Fourier 量子行走的测量结果是不同振荡频率的叠加，则无限次演化后取平均值的结果表示为

$$
\lim_{T \to \infty} \frac{1}{T} \sum_{t=0}^{T-1} \mathrm{e}^{\mathrm{i}(\theta_\mu - \theta_\nu)t} = \delta_{\mu\nu}
\tag{5-17}
$$

公式（5-17）表明 Fourier 量子行走演化算符的特征值在单位复平面上分布时，该特征值不会在-1 和+1 的位置发生退化（即简并），以上是 Fourier 量子行走能够用于发现网络社团结构的核心假设。

5.2.3　社团发现实验及分析

　　本节利用两阶段量子行走和 Fouier 量子行走算法划分著名小世界网络空手道

俱乐部（Karate club）数据集的社团，Karate 俱乐部因存在是否提高收费的争议而瓦解为两派，两派系各有一个领袖。图 5-2（a）为 Karate 网络的真实社团信息，节点 1 和节点 33 分别为两派系的领袖，二者分别对应 Karate 俱乐部的管理员和校长，其中标以箭头的节点 10 和节点 3 是社团发现算法较难划分的两个节点，因为节点 10 在两派系中各连有一条链路（朋友关系），而节点 3 在两个派系中各有5 条链路，许多仅依赖拓扑结构的无标签算法极容易错分二者。图 5-2（b）为两阶段量子行走和 Fouier 量子行走算法对 Karate 数据集的社团发现结果，该结果同真实社团信息一致，表现出了极佳的社团发现性能。

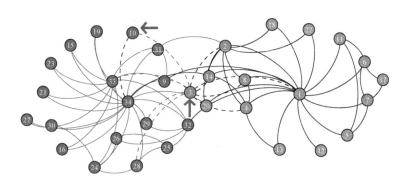

（a）Karate网络的真实社团

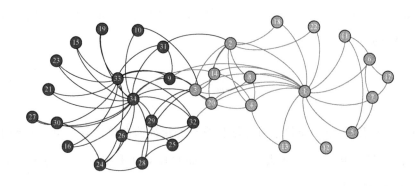

（b）两算法对Karate网络的社团划分

图 5-2　两阶段量子行走和 Fouier 量子行走的社团发现结果（扫封底二维码查看彩图）

　　为进一步说明本章提出的两阶段量子行走算法和由 Hatano 等定义的 Fourier
量子行走算法在社团发现中的优势，选取 15 种算法通过 NMI 和模块化函数 Q 两
个指标展开对比。所选取的 15 种对比算法主要分为 4 类：第一类是社团发现的量
子算法，包括量子蚁群优化（quantum ant colony optimization，QACO）算法[198]、
量子行为的离散多目标粒子群优化（quantum-behaved discrete multi-objective
particle swarm optimization，QDM-PSO）算法[199]以及量子遗传算法（quantum
genetic algorithm，QGA）[200]；第二类为基于随机行走的社团发现算法，包括带
有自聚类的图嵌入（graph embedding with self clustering，GEMSEC）方法[201]、
WalkTrap 方法[202]；第三类为基于模块化函数的算法，包括 Louvian[203]、贪心模
块化[204]和 Leiden[205]算法；第四类为基于信息熵的社团发现算法，包括显著性社
团（significant community，SC）[206]和传播熵递减（diffusion entropy reducer，DER）[207]
算法。除上述四类算法，还有其他五种经典方法，包括自旋玻璃（spin-glass）方
法[208]、流（fluid）方法[209]、基于混沌节点聚类的 Chinese Whispers 方法[210]、期
望混合（expectation-mixed，EM）模型[211]以及谱分解（spectral decomposition，
SD）方法[212]。以带有真实社团信息的空手道俱乐部和足球队成员网络（以下简
称 Football）为实验数据，在 NMI 和模块化函数 Q 的评价指标下，表 5-1 给出了
两阶段量子行走和 Fourier 量子行走算法同上述 15 种算法的实验结果。

表 5-1　复杂网络社团发现算法的实验结果

算法	Karate 数据集		Football 数据集	
	NMI	Q	NMI	Q
QACO	**1.000**	0.417	0.876	0.546
QDM-PSO	0.984	0.407	0.864	0.595
QGA	0.669	0.411	0.794	0.528
两阶段量子行走	**1.000**	0.371	0.516	0.603
Fourier 量子行走	**1.000**	0.371	—	—
GEMSEC	0.243	0.442	0.917	0.575

续表

算法	Karate 数据集		Football 数据集	
	NMI	Q	NMI	Q
WalkTrap	0.826	0.339	0.898	0.602
Louvian	0.571	0.393	**0.982**	**0.604**
贪心模块化	0.694	0.381	0.905	0.568
Leiden	0.579	0.407	0.969	0.603
SC	0.446	0.272	0.947	0.566
DER	**1.000**	0.371	0.414	0.349
spin-glass	0.654	**0.420**	0.964	0.603
Chinese Whispers	0.836	0.319	0.938	0.568
fluid	0.733	0.355	0.867	0.543
EM	**1.000**	0.371	0.841	0.509
SD	0.836	0.359	0.369	0.372

注：加粗数据表示不同指标下的最大值。

从表 5-1 的实验结果可知，同样作为量子算法，QACO、两阶段量子行走以及 Fourier 量子行走均能准确划分出 Karate 网络社团；而针对稍显复杂的 Football 网络，虽然 QACO 的社团划分结果在量子算法中的精度最高，但本章提出的两阶段量子行走算法的模块化程度在量子算法中最高，其值为 0.603。值得注意的是，QACO 虽然完整且准确地划分了 Karate 网络的社团，但其模块化高于真实社团的模块化度量值，即 $Q > 0.371$。这是因为 QACO 算法具有随机性，需重复运行取均值，其每次得到的社团发现结果并不相同，且真实社团的模块化度量值并不代表其模块化度量值的最大化。换言之，社团发现算法的计算结果虽然同真实社团间会存在差别，但其可能挖掘到模块化程度极高的社团结果，正如 Football 网络中两阶段量子行走算法的表现，或 spin-glass 方法在 Karate 网络中的表现。GEMSEC 和 WalkTrap 作为基于随机行走的算法，二者在 Football 网络中的社团发现结果要优于其在 Karate 网络上的表现。而在模块最大化的算法中存在追求模块最大化但不能以高精度划分网络社团的情况，例如 Louvian、贪心模块化以及 Leiden 算法在 Karate 网络中的表现，其中 Leiden 作为 Louvian 的改进算法仍没能改善该问题，由此可见模块化最大化更适宜描述所挖掘的社团是否符合"内部紧密、外部稀疏"的特征，并不适宜作为社团发现算法的核心设计依据以挖掘带有真实社团结构的网络。进一步，结合基于信息熵的社团发现算法（SC、DER）可知，对于带有真实社团的网络数据，算法在 NMI 和模块化 Q 指标下的度量结果难以两全。

此外，对比 Chinese Whispers、流方法和 EM 算法，三者在 Football 网络上的社团划分结果优于三者在 Karate 网络上的表现，且对于 Karate 网络三者皆逊于本章提出的两阶段量子行走算法。谱分解方法在社团发现中的性能由其特征值分解的特点决定，当社团数量为 2 时，很容易根据特征值的正、负将对应节点划分为两类，因此谱分解方法在 Karate 网络中表现较好，而 Football 网络的社团数量为 11，此时谱分解方法的划分精度明显下降。

5.3　连续时间量子行走在社团发现中的应用

由 Faccin 等[127]定义的连续时间量子行走于 2014 年发表在 *Physical Review X* 期刊，是目前已知的唯一采用连续时间量子行走处理复杂网络社团发现任务的算法。在介绍该算法前，首先要了解复杂网络上"流"（fluid）的概念。简单而言，流是具有时间和方向概念的变化过程。例如，社交网络上记录信息级联传递的信息流，交通网络上承载着车辆通行信息的交通流。在基于连续时间量子行走的社团发现算法中，本书作者利用测量概率的变化（称为概率流）捕捉社团结构，其中由于社团之间连接稀疏，因此一个时段内社团间概率流的变化会尽可能地稳定，而社团内部高度聚集，其在一个时段内的流信息变化更快，因此社团内节点间需要以极高的保真度通信。简而言之，基于连续时间量子行走社团发现算法的核心思想表现在两方面：①社团外部概率流变化幅度小；②社团内部节点间保真度尽可能高。Faccin 等分别基于概率流最小和保真度最大的思想设计了两种连续时间量子行走的社团发现算法。

1. 针对社团间的连续时间量子行走

Faccin 等认为量子社团发现问题较经典社团发现问题有所区别，其目的为找到社团的节点集对应的希尔伯特子空间。该算法首先将复杂网络数据视为一个封闭量子系统，并定义此量子系统的哈密顿量 H。当采用标准基表示复杂网络中的节点，哈密顿量 H 被定义为

$$H = \sum_{i,j} H_{i,j} |i\rangle\langle j| \tag{5-18}$$

在公式（5-18）中，$H_{i,j}$ 记录的是粒子自节点 i 向节点 j 移动的概率振幅，$i \neq j$；而当 $i = j$ 时，$H_{i,i}$ 记录的是节点 i 对应标准基 $|i\rangle$ 的能量值。由于概率流捕捉的是一个时段内测量概率的变化幅度，任意社团 A 的概率流 T_A 被定义为初始时刻（$t = 0$）态向量测量结果 $p_A\{\rho(0)\}$ 同 t 时刻态向量测量结果 $p_A\{\rho(t)\}$ 的差，即

$$T_\partial(t) = \frac{1}{2}\left|p_A\{\rho(t)\} - p_A\{\rho(0)\}\right| \tag{5-19}$$

其中，态向量 $\rho(t)$ 的计算方法为

$$\rho(t) = e^{-iHt}\rho(0)e^{iHt} \tag{5-20}$$

在公式（5-19）中，$p_A\{\rho(t)\}$ 表示 t 时刻社团 A 的测量概率，其计算方法为

$$p_A\{\rho\} = \mathrm{tr}\{\textstyle\prod_A \rho\} \tag{5-21}$$

式中，tr 为矩阵的迹（trace），$\prod_{\mathcal{A}} = \sum_{i \in \mathcal{A}} |i\rangle\langle i|$ 为社团 $\mathcal{A}$ 的子空间的投影。当累加全部社团的概率流，可以将社团间概率流的加总定义为

$$T(t) = \sum_{\mathcal{A} \in X} \frac{1}{2} \left| p_{\mathcal{A}} \{\rho(t)\} - p_{\mathcal{A}} \{\rho(0)\} \right| \tag{5-22}$$

进一步，利用双随机转移矩阵（doubly stochastic transfer matrix）$R(t)$ 使公式对社团 $\mathcal{A}$ 的概率流 $T_{\mathcal{A}}$ 简化，并得到对称化结果 $\tilde{R}_{i,j}(t)$，该过程定义为

$$T_{\mathcal{A}}(t) = \sum_{i \in \mathcal{A}, j \notin \mathcal{A}} \frac{R_{i,j}(t) + R_{j,i}(t)}{2} = \sum_{i \in \mathcal{A}, j \notin \mathcal{A}} \tilde{R}_{i,j}(t) \tag{5-23}$$

式中，$R_{i,j}(t) = \left| \langle i | e^{-iHt} | j \rangle \right|^2$。受经典随机行走中转移矩阵的紧密性公式启发[213]，欲使社团间概率流变化较小，故目标函数定义为

$$c_t^T(\mathcal{A}, \mathcal{B}) = \frac{T_{\mathcal{A}}(t) + T_{\mathcal{B}}(t) - T_{\mathcal{A} \cup \mathcal{B}}(t)}{|\mathcal{A}||\mathcal{B}|} = \frac{2}{|\mathcal{A}||\mathcal{B}|} \sum_{i \in \mathcal{A}, j \in \mathcal{B}} \tilde{R}_{i,j}(t) \tag{5-24}$$

当采用长时平均（long-time average）法处理公式（5-24）的结果时，可以对双随机矩阵积分，表达为

$$\hat{R}_{i,j}(t) = \frac{1}{t} \int_0^t R_{i,j}(t') dt' \tag{5-25}$$

当 t 趋于无穷时 $(t \to \infty)$，$\hat{R}_{i,j}(t)$ 可以进一步表达为

$$\lim_{t \to \infty} \hat{R}_{i,j}(t) = \sum_k \left| \langle i | \Lambda_k | j \rangle \right|^2 \tag{5-26}$$

式中，Λ_k 为网络哈密顿量 H 第 k 个特征空间上的投影。

2. 针对社团内部的连续时间量子行走

另一种基于连续时间量子行走的社团发现算法以社团内部节点量子态保真度（fidelity）的亲密性公式为依据计算社团发现结果，其中保真度可以理解为对节点

量子态的相似性打分，节点间的相似性越高则二者处于同一社团的可能性越大。在一个时段内，全部社团量子态保真度被定义为

$$F_X(t) = \sum_{\mathcal{A} \in X} F_{\mathcal{A}}(t) = \sum_{\mathcal{A} \in X} F^2 \left\{ \Pi_{\mathcal{A}} \, \rho(t) \Pi_{\mathcal{A}}, \Pi_{\mathcal{A}} \, \rho(0) \Pi_{\mathcal{A}} \right\} \tag{5-27}$$

式中，$\Pi_{\mathcal{A}} \rho \Pi_{\mathcal{A}}$ 为量子态 ρ 在社团 $\mathcal{A}$ 对应子空间上的投影，量子态保真度的计算方法为两个量子态的内积的模，定义为

$$F\{\rho, \sigma\} = \mathrm{tr}\left\{ \sqrt{\sqrt{\rho} \, \sigma \sqrt{\rho}} \right\} \in \left[0, \sqrt{\mathrm{tr}\{\rho\} \, \mathrm{tr}\{\sigma\}} \right] \tag{5-28}$$

由此，基于紧密性指标的表达形式，社团保真度最大化的目标函数定义为

$$\begin{aligned} c_t^F(\mathcal{A}, \mathcal{B}) &= \frac{F_{\mathcal{A} \cup \mathcal{B}}(t) - F_{\mathcal{A}}(t) + F_{\mathcal{B}}(t)}{|\mathcal{A}||\mathcal{B}|} \\ &= \frac{2}{|\mathcal{A}||\mathcal{B}|} \sum_{i \in \mathcal{A}, j \in \mathcal{B}} \mathrm{Re}\left[\hat{\rho}_{i,j}(t) \rho_{j,i}(0) \right] \end{aligned} \tag{5-29}$$

式中，$c_t^F(\mathcal{A}, \mathcal{B}) \in [-1, 1]$，且

$$\hat{\rho}_{i,j}(t) = \frac{1}{t} \int_0^t \mathrm{d}t' \rho_{i,j}(t') \tag{5-30}$$

当 t 趋于无穷时 $(t \to \infty)$，$\hat{\rho}_{i,j}(t)$ 可以表示为

$$\lim_{t \to \infty} \hat{\rho}_{i,j}(t) = \sum_k \Lambda_k \rho_{i,j}(0) \Lambda_k \tag{5-31}$$

公式（5-24）和公式（5-29）通过整合社团 $\mathcal{A}$ 和 $\mathcal{B}$ 调整对应的度量值以优化社团结构。

　　为验证本节基于连续时间量子行走的社团发现算法的有效性，首先生成人工随机网络，该网络及其社团结构如图 5-3（a）所示，共分为四个非重叠社团。根据公式（5-3），对比原始随机网络的社团信息，连续时间量子行走算法在图 5-3（b）～（d）中的 NMI 度量值分别为 0.953、0.82 和 0.85，可以发现当时间参数 t 取极小值时，以社团间概率流最小化为目标函数的连续时间量子行走

对社团的划分精度最高。具体而言，图 5-3（b）为概率流中参数 $t \to 0$ 时的社团发现结果，可以发现仅有一个节点被误划分至其他社团；图 5-3（c）、（d）的实验结果表明无论采用概率流或保真度方法，参数 t 取极大值（$t \to \infty$）并对测量结果求平均将导致社团划分精度有损。

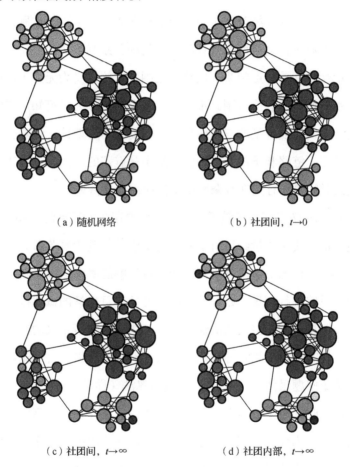

（a）随机网络　　　　　　　　　　（b）社团间，$t \to 0$

（c）社团间，$t \to \infty$　　　　　　　　　（d）社团内部，$t \to \infty$

图 5-3　原始社团结构及算法的社团发现结果（扫封底二维码查看彩图）

5.4　本章小结与讨论

本章所介绍的基于量子行走的社团发现算法再次表明量子行走能够有效地反映出网络的拓扑特征，体现了量子行走在复杂网络结构挖掘中的应用价值。然而综合第 3～5 章的研究工作，连续时间量子行走和离散时间量子行走在复杂网络结构挖掘中的应用应当有所区分。笼统而言，离散时间量子行走在复杂网络中的应用略胜连续时间量子行走一筹。综合 3.3.3 节基于连续时间量子行走的信息传播模型、4.3.1 节量子链路预测算法以及本章基于连续时间量子行走的社团发现算法，可以发现复杂网络上的连续时间量子行走还存在着悬而未决的难题，比如连续时间量子行走中参数 t 同复杂网络统计学特征间的关系尚不明朗，研究者仅能通过有利于评价指标的度量特点判断 t 的合适范围或直接定义为无穷大，而无法依赖网络类型推断该参数的取值范围。不仅如此，根据欧拉公式可知，连续时间量子行走的演化结果属于复合型的三角函数，具有复杂的周期性，这意味着连续时间量子行走对节点、链路和子图结构的测量结果是震荡的。因此，相比离散时间量子行走，连续时间量子行走在复杂网络中的应用稍显薄弱。

　　Brassard 于 1997 年定义了量子系统在演化中存在的舒芙蕾（Soufflé）问题，该问题描述了量子线路测量结果引发的震荡现象[214]，其中舒芙蕾为一种奶蛋酥烘焙食品。Brassard 认为随着演化次数增加，目标解的概率振幅也随之提高，但是若过早对量子系统进行测量，则导致随机坍缩并使目标解的概率振幅为 0。量子系统的演化及测量过程同舒芙蕾的烘焙和打开烤箱行为所带来的结果相似，提前打开烤箱或烘焙时间过长均将导致烘焙失败，对量子测量而言则无法有效地输出目标解。舒芙蕾问题虽然是针对 Grover 搜索算法（详见 1.2.1 节）的搜索效率而言，但它对连续时间量子行走在复杂网络结构挖掘上存在的震荡问题的描述仍然适用。该问题看似为连续时间量子行走在复杂网络应用中的致命伤，但沿袭本书对量子行走算法的设计思路，测量结果的震荡问题可以被有效地规避，无须迎难而上。这里提出两种设计思路供研究者讨论：①将连续时间量子行走中的参数 t 离散化，这一技巧在由 Ma 等[215]提出的热量传播（heat diffusion）模型中有着清晰的表达。在热量传播模型中，网络同样被视为封闭系统，当仅有个别节点被指定为初始节点并分配能量值时，能量将沿着节点的链路关系从高处向低处转移，这一过程能量是守恒的。由此，热量传播模型的演化过程同连续时间量子行走的演化形式类似，均由初始向量同演化算符的乘积来表达某个时刻的传播结果[215]，该公式的定义形式可参考公式（2-18）。已有案例表明，热量传播模型的传递结果同样可以挖掘复杂网络的结构信息[215-217]，该模型使参数 t 离散化的设计思想或将成为连续时间量子行走在复杂网络中应用的关键技巧。②根据 3.3.3 节、4.3.1 节以及 5.2.3 节的算法案例，连续时间量子行走的参数 t 取较小数值时更有利于复杂网络的结构挖掘。究其根源，连续时间量子行走依赖网络的邻接矩阵或拉普拉斯矩阵完成演化，属于一种全局网络上的演化（行走），且演化过程类似于粒子在网络上的广度优先搜索，即参数 t 取较小时同样可使概率振幅在整个网络上传递并产生回溯问题（关于回溯参考 2.2.3 节）。换言之，已知连续时间量子行走属于全局演化的条件下，通过调节参数 t 的取值可以降低回溯的负面作用，并提高连续时间量子行走在网络结构挖掘任务上的精度。在具体应用中，上述两种设计思路可以搭配使用。

第 3～5 章的研究工作共同表明量子行走在演化过程中有效地包含了复杂网络拓扑特征，这一重要信息为量子行走在网络表示学习及图神经网络中的应用提供了坚实的依据。第 6 章将据此介绍量子行走在角色嵌入、图分类以及图匹配中的应用。

第 6 章 量子行走在网络表示学习中的应用

6.1 网络表示学习及其分类任务

本章将介绍基于量子行走的网络表示学习方法，相关方法是量子行走对网络特征提取的研究基础，也是量子行走能用以设计图神经网络模型以及卷积核的重要依据。本节简要介绍传统网络表示学习和图神经网络的基础概念及其联系。

1. 网络表示学习和图神经网络概述

网络表示学习也称图表示学习（graph representation learning）或网络嵌入（network embedding），它是对图结构信息的压缩表达并利用压缩后的信息重构图结构的方法。在给出其详细介绍前，不妨先从生活实例中感受信息压缩和重构的概念。我国农村地区普遍以姓氏为单位集中居住，村内各家各户彼此知悉，这种互相知悉已经达到了能够从外貌等特点判断任何人口是否属于本村的程度。假设该村杨某外出打工，于 6 年后返乡。返乡当天杨某第一次见到一名 5 岁男孩，通过观察孩子的眉、眼、唇、鼻，加之问其姓名，立即能准确推理出该名男孩父母的信息。这一平平无奇的事件恰好反映出表示学习的两个重要过程：压缩和重构。孩子的外貌是父母基因重组的具体表现，孩子的基因可以看作父母双亲基因信息的压缩。而见到孩子并通过孩子的相貌这一"压缩信息"猜想出谁是孩子的父母，此过程则为重构。压缩和重构的过程在网络表示学习中均以向量或矩阵的形式表达，两过程分别被称为编码（encoder）和解码（decoder）。

具体而言，在编码阶段，网络表示学习根据节点的邻域拓扑信息将节点编码为（低维）向量，该过程也称节点嵌入（node embedding）；在解码阶段，根据上一步得到的向量，依赖给定的相似性矩阵作启发评价任意一对嵌入向量间的相似

性是否合理，当二者累积误差尽可能小的时候，节点嵌入向量便能最大程度还原
网络结构信息并实现特定的训练任务。基于以上分析，针对复杂网络 $G=(V,E)$ 中
任意节点 $v \in V$，网络表示学习的编码过程可以简单地定义为节点在 d 维向量空间
的映射：

$$\text{enc}:V \to \mathbb{R}^d \tag{6-1}$$

而解码阶段主要利用一对节点的向量表征结果的乘积表达二者相似性，此过程可
表示为

$$\text{dec}:\mathbb{R}^d \times \mathbb{R}^d \to \mathbb{R}^+ \tag{6-2}$$

图神经网络以网络表示学习方法为研究基础，它可以看作一种强大的、具有
参数调节能力的网络结构表征模型。图神经网络的介绍性工作不胜枚举，可参考
Introduction to graph neural networks[218]，不再赘述。为表明网络表示学习同图神
经网络的关系，这里以一种简单且基础的表示学习框架——浅层嵌入（shallow
embedding）为例，在浅层嵌入过程中根据节点编号将节点编码为正交向量，该过
程类似于 one-hot 方法，相关含义可以参考第 1 章公式（1-3）及其解释。而在编
码阶段融入节点特征信息或局部网络结构信息生成节点嵌入向量，此类框架则为
图神经网络（graph neural network，GNN）。简而言之，图神经网络在节点嵌入阶
段便读入了有利于训练任务的启发式信息，而浅层表示学习方法的节点嵌入不包
含网络拓扑或标签信息。

2. 网络表示学习及图神经网络的分类任务

在 1.2.3 节提到，量子行走可用于实现量子系统的哈密顿量，而哈密顿量是量
子机器学习研究的关键内容[4-6]，故有研究者顺其自然地联想到使用量子行走设计
网络表示学习方法和神经网络模型来提取网络的特征信息。2014 年，Schuld 等[219]
设计了一种基于量子行走的神经网络模型，该模型利用量子比特替代传统神经网

络的二进制神经元,并借助图上量子行走的相干特性实现神经网络上信息的加速传递。然而该模型仅能针对低维正则图,当正则图维度≥7时,模型无法在有效时间内完成计算。Zhang 等[220]基于连续时间量子行走提出一种量子子图卷积神经网络(quantum based subgraph convolutional neural network,QSCNN),QSCNN 同时考虑了网络的全局拓扑结构和局部连通性并能以高精度完成节点分类和网络分类任务,但美中不足的是 QSCNN 模型仅针对特定树族图有效。上述方法为量子行走在机器学习方面的应用带来了新机遇,但其设计方法完全依赖原始的量子行走模型,且出于幺正变换等考虑没能将测量方法灵活变通,导致其在具体任务中的表现不太令人满意。

本章将介绍基于量子行走的网络表示学习和图神经网络方法,并分析这些方法在节点的角色嵌入、网络分类以及网络同构任务上的表现。由于上述三个任务分别为微观尺度(micro-scale)或中观尺度(mesoscale)上对网络的划分,该部分将其统称为网络分类任务。

角色嵌入(role embedding)也称角色发现(role discovery)或角色检测(role detection)[221],若两个节点以同样的方式连接至网络的其他部分,则两节点在结构上等价,二者同属于一种角色。例如,星形图中全部的边缘节点属于同一种角色,而中心节点属于另一种角色。角色嵌入不同于第 5 章的社团发现问题[221],以图 6-1(a)中的三种角色为例,相同颜色的节点属同一种角色,节点的角色与节点间连接的紧密程度无关,仅依赖结构的相似性。而从社团的角度而言,社团内部节点必然连接紧密,图 6-1(a)中虚线所框选的三个节点集为三个不同的社团。因此,角色和社团的概念并不相同。角色嵌入问题可以抽象为:将网络 G 中的 N 个节点映射至集合 $W = \{w_1, w_2, \cdots, w_\varepsilon\}$, ε 为节点的角色总数, $\varepsilon \ll N$ 且 $\varepsilon \in \mathbb{Z}^+$。设映射函数为 Φ,用于表示网络结构特征或属性的矩阵记为 X,则上述过程可以描述为

$$\Phi : X \to W \tag{6-3}$$

式中，X 为 N 行 K 列的矩阵，$K \leqslant N$。令 X_v 表示针对节点 v 且长度为 K 的向量，$v \in V$，若角色嵌入任务针对无属性网络，则 K 等于网络节点总数，即 $K = N$。公式（6-3）中，矩阵 X 即为网络对全部节点的表征结果，W 则代表基于表征信息 X 的节点角色检测结果。一般来讲，角色嵌入的评价多以节点的相似性度量结果为依据[114]，常见的节点间相似性评价指标可参考第 4 章表 4-3。

网络分类也称图分类（graph classification），其目标为找到网络及其对应标签的映射关系。给定若干网络的集合 $\mathfrak{G} = \left\{G_i\right\}_{i=1}^n$ 及网络对应的标签 $\mathcal{Y} = \left\{y_i\right\}_{i=1}^n$，其中每个网络记为 $G_i = (V, E, X)$，节点集和链路集分别满足 $|V| = N$ 和 $|E| = M$，特征信息 $X \in \mathbb{R}^{N \times d}$，$d$ 为 X 的维度。网络分类的任务可以描述为，利用网络的邻接矩阵 A 和特征信息 X 找到网络对应的分类标签。实际应用中，图网络往往遵从二分类和多分类，在二分类时 $\mathfrak{G}$ 中每个网络仅对应一个分类标签，即 $\mathcal{Y}_i = \left\{y_{i,j}\right\}$，其中 $j = 1$。依此类推，任意网络也可对应 m 分类标签，此时 $\mathcal{Y}_i = \left\{y_{i,j}\right\}$ 中，$j = 1, 2, \cdots, m$。

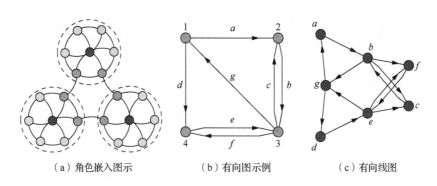

　　（a）角色嵌入图示　　　　　（b）有向图示例　　　　　（c）有向线图

图 6-1　角色嵌入和有向线图的示例

网络同构也称图同构（graph isomorphism）或图匹配（graph matching）。以两个网络图 $G = (V, E)$ 和 $G' = (V', E')$ 为例，二者同构时存在双射关系 $f : V \rightarrow V'$ 满足 $\forall v_1, v_2 \in V$，则 $(v_1, v_2) \in E \Leftrightarrow (f_{v_1}, f_{v_2}) \in E'$。在图同构任务的处理过程中，待判定的图网络可以被转化为有向线图（directed line graph）以便构造图网络的高维特征空间[222-223]。线图是原始图的二重表达，它将图中链路转化为节点，并根据链路

间的连接方向指定线图中节点的链路关系，图 6-1（b）和（c）给出了有向图转为有向线图的示例。针对图 $G = (V,E)$ 的线图 $G_L = (V_L, E_L)$，设图 G 的有向链路集为 $E_d = \{e_d(u,v), e_d(v,u) | e(u,v) \in E\}$，故线图的节点集 V_L 和链路集 E_L 定义为

$$\begin{cases} V_L = E_d \\ E_L = \{(e_d(i,m), e_d(m,j)) \in E_d \times E_d\} \end{cases} \tag{6-4}$$

图同构问题应用十分广泛，它已经成为网络对齐（network alignment）和广度学习（broad learning）等应用的基础课题[216]。以第 4 章图 4-2 所描述的网络为例，一个用户可以在不同社交平台开通独立的账号，当同一批用户群体在新浪微博和领英中的好友关系（关注关系）完全相同时，则两社交平台上对应的社交网络为同构网络。

围绕上述三个网络分类任务，本章将介绍基于量子行走的表示学习方法、图神经网络模型以及图卷积核。

6.2　量子行走在节点嵌入中的研究及应用

6.2.1　基于量子行走的节点相似性估计算法

本节介绍的基于离散时间量子行走的节点相似性估计算法（quantum walk-based similarity，QSIM）是国防科技大学的团队于 2021 年发表在 *Applied Intelligence* 期刊上的一项成果[113]。QSIM 算法以离散时间量子行走为基础，利用有限步的演化结果表征节点间的相似性信息，通过同一阶（first-order）和二阶（second-order）节点相似性的对比，展现了 QSIM 算法对网络的重构能力以及对节点间相似性估计的优异性能。对 QSIM 算法的描述仍然参照 2.3 节的一般框架，QSIM 算法的四个核心部分如图 6-2 所示。

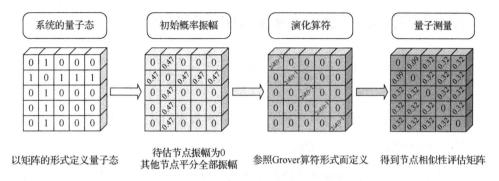

图 6-2　QSIM 算法的核心框架

QSIM 算法的希尔伯特空间不再由向量复合而成，而是基于节点间依存的链路被定义为矩阵。针对复杂网络 G，以其邻接矩阵 A 作为 QSIM 算法的量子态，该量子态表示为

$$\psi_t = \sum_{|i,j\rangle} \alpha_{i,j}(t)|i,j\rangle \tag{6-5}$$

式中，$|i,j\rangle$ 包含了邻接矩阵 A 的连通性信息，$\alpha_{i,j}(t)$ 表示节点 i 和节点 j 在 t 时刻的概率振幅。在 QSIM 算法中，ψ_t 为 $N \times N$ 的矩阵。ψ_t 中包含一个概率振幅矩阵 φ_t，而 φ_t 记录 t 步行走后标准基 $|i,j\rangle$ 对应的概率振幅 $\alpha_{i,j}$，即

$$\varphi_t(i,j) = \alpha_{i,j}(t) \tag{6-6}$$

QSIM 算法通过设定初始时刻概率振幅来指定待评估的 i，该过程将节点 i 的初始概率振幅设为 0 并使节点 i 邻域节点平分其余概率振幅，计算方法为

$$\alpha_{i,j}(0) = \begin{cases} \dfrac{1}{\sqrt{N \cdot d(i)}}, & i \in V, \{i,j\} \in E \\ 0, & \text{否则} \end{cases} \tag{6-7}$$

式中，$d(i)$ 为节点 i 的度值。公式（6-7）对直接指定了初始节点概率振幅的传递路径，节省了一次概率振幅自邻域节点向初始节点回传的过程，降低了回溯的负面作用。接着定义 QSIM 算法的演化算符 U，该算符参照 Grover 算符的形式，将

节点的度信息代入其中，QSIM 算法演化算符的作用可以表示为

$$|i,j\rangle \overset{U}{\to} \left(\frac{2}{d(i)}-1\right)|j,i\rangle + \frac{2}{d(i)}\sum_{\forall k\in N(i),k\neq i}|j,k\rangle \qquad (6\text{-}8)$$

式中，$\forall k \in N(i)$ 表示任意节点 k 属于节点 i 邻居集 $N(i)$ 中的节点。进一步，QSIM 算法的一步演化定义为 $\psi_{t+1}=U\psi_t$。

　　QSIM 算法认为在 Grover 算符作用下要细致地讨论粒子自初始节点出发后，返回初始节点的测量概率更高还是返回初始节点邻域节点的概率更高。经由公式（6-7）对初始概率振幅的设定及公式（6-8）的演化作用，粒子在不同行走步长下的测量结果倾向于停留在初始节点，此时公式（6-7）和公式（6-8）能够有效地降低回溯的负面作用，提高 QSIM 算法对节点相似性计算的准确度。这也是 QSIM 算法能用于准确表征节点相似性信息的重要依据。

　　任意一种基于量子行走对网络节点打分的过程均依赖量子测量实现，在 QSIM 算法中节点 i 的测量结果被定义为节点 i 及其邻域对应概率振幅的累加：

$$\begin{aligned}p_t(i) &= \sum_{j=1}^{N}\left|\alpha_{ij}(t)\right|^2 \\ &= \sum_{j=1}^{N}\left|\varphi_t(i,j)\right|^2\end{aligned} \qquad (6\text{-}9)$$

公式（6-9）的测量结果满足累加和为 1 的条件，即

$$\sum_{i=1}^{N}p_t(i) = \sum_{i=1}^{N}\sum_{j=1}^{N}\left|\varphi_t(i,j)\right|^2 = 1 \qquad (6\text{-}10)$$

结合公式（6-9），设 D 为量子行走的步长，该值在 QSIM 算法中被定义为网络的直径。QSIM 算法对网络中任意一对节点之间的相似性度量方法定义为

$$P(v,u) = \sum_{t=1}^{D}p_t(u) \qquad (6\text{-}11)$$

最后利用如下归一化方法将任意节点对的相似性评分记录在相似性矩阵 P 中，并使处于对角位置的元素置为 0：

$$P(v,u) = P(v,u) + \frac{1}{N-1}P(v,v), \quad \forall u \in V, u \neq v \tag{6-12}$$

根据上述定义，QSIM 算法属于一种基于离散时间量子行走的对节点特征信息表征的方法，该方法包含了节点邻域拓扑信息，并利用概率振幅捕捉不同节点所处局部拓扑的相似性。为验证 QSIM 算法对节点相似性信息的表征能力，引入节点推荐（node recommendation）问题并以余弦相似性（cosine similarity）[191]为评价标准验证 QSIM 算法对节点相似性的表征结果，其中余弦相似性的定义参考本书第 4 章表 4-3。节点推荐以待评估节点 v 及其相似节点 u 为例，其中 u 的数量可以是若干个，并不唯一。本节实验以 Top-k 个相似节点为基准，当某算法对节点 v 的 Top-k 个相似节点集与余弦相似性对节点 v 的 Top-k 个相似节点集高度重合时，则认为该算法能以高精度完成节点 v 的推荐任务。当对网络中的全部节点 v 执行上述操作时，即可量化某算法对网络全部节点的推荐精度[113]。本节实验选择 Refex（recursive feature extraction）[224]、Node2vec[225]以及 Role2vec[226]算法作为对比，并选择 Dolphins、Polbooks、Football、Jazz 以及 Email 网络为节点推荐实验的测试数据，其基于一阶相似性及二阶相似性的节点推荐结果分别参考表 6-1 及表 6-2。

根据表 6-1 和表 6-2 的实验结果，QSIM 算法在对比算法中的节点推荐平均精度最高。此外，从 Node2vec 和 Role2vec 算法的节点推荐结果来看，二者在包含一阶和二阶信息时对网络拓扑的表征能力相差无几，并且即使随着 Node2vec 和 Role2vec 行走深度（阶数）的提高，二者依然无法超越 QSIM 算法在节点推荐任务上的表现。

实际上，根据公式（6-5）和公式（6-8），QSIM 算法在初始时刻已经包含了复杂网络的邻接矩阵，即网络全局的连通性信息，而一阶和二阶相似性对 QSIM

而言主要体现在 1 步行走和 2 步行走的测量结果。因此，该算法在全局网络连通性信息的基础上，融合节点前两阶邻域拓扑结构特征来表征节点的相似性，在理论上包含了局部和全局拓扑的重合信息，其对节点结构特征的表征上具有潜在优势。表 6-1 和表 6-2 中 QSIM 算法的表现意味着量子行走可以表征节点所在局部拓扑的结构特征，并将所表征的信息包含于对应的测量结果中，这也为量子行走在图神经网络中的进一步应用奠定了重要基础。

表 6-1   QSIM 算法的一阶相似性计算结果

网络数据集	Refex	Node2vec（1）	Node2vec（2）	Role2vec（1）	Role2vec（2）	QSIM
Dolphins	0.2527	0.0591	0.0645	0.4892	0.3925	**0.7849**
Polbooks	0.2024	0.1000	0.0833	0.4333	0.4595	**0.9429**
Football	0.3009	0.0974	0.0730	0.8017	0.8191	**1.0000**
Jazz	0.4416	0.1439	0.1328	0.5249	0.5032	**0.8820**
Email	0.0653	0.0072	0.0071	0.3864	0.2989	**0.7195**

注：加粗数据表示不同网络下节点推荐任务求解精度的最大值。

表 6-2   QSIM 算法的二阶相似性计算结果

网络数据集	Refex	Node2vec（1）	Node2vec（2）	Role2vec（1）	Role2vec（2）	QSIM
Dolphins	0.2132	0.0897	0.0833	**0.2952**	0.2845	0.2877
Polbooks	0.1849	0.0947	0.1154	0.3514	0.3312	**0.3587**
Football	0.2100	0.0932	0.0818	0.4792	0.4654	**0.5155**
Jazz	0.4084	0.1713	0.1641	0.4187	0.4139	**0.4974**
Email	0.0666	0.0118	0.0116	0.2047	0.1857	**0.2163**

注：加粗数据表示不同网络下节点推荐任务求解精度的最大值。

6.2.2   基于量子行走的角色嵌入算法

基于量子行走角色嵌入（role embedding via discrete-time quantum walk，RED）算法的定义同 6.2.1 节 QSIM 算法思想类似，同样由国防科技大学团队提出[114]，

RED 算法整体框架可参考图 6-2，其中 RED 算法的量子态、概率振幅以及演化算符定义参考 6.2.1 节的公式（6-5）～公式（6-8），不再赘述。同 QSIM 算法有所区别的是测量阶段，RED 算法认为离散时间量子行走在复杂网络上的演化结果可以反映出节点同网络整体的交互信息，并能表现出节点同整个网络间的一致性关系。由于离散时间量子行走的测量结果是不收敛的，并且取极限步长的均值方法计算消耗巨大，故 RED 算法采用有限步步长 d_g 确保离散时间量子行走的演化满足准周期（quasi-periodicity）。当 RED 算法令离散时间量子行走的初始量子态演化 d_g 次时，任意节点 v 在 t 步行走后的概率定义为节点 v 及其邻域概率振幅模平方的加总，即

$$p_v^t = \sum_j \left| \alpha_{vj}(t) \right|^2 = \sum_{j=1}^N \left| \varphi_t(v, j) \right|^2 \qquad (6\text{-}13)$$

将第 1 步至第 t 步行走中节点 v 的全部概率记录至分布 e_v 中，则有

$$e_v^t = \left[p_v^1, p_v^2, \cdots, p_v^{d_g} \right] \qquad (6\text{-}14)$$

在 D 步行走后，某节点的平均测量概率即该节点同公式（6-7）中所指定初始节点间的相似程度：

$$c_v(i) = \sum_{t=1}^D p_i^t = \sum_{t=1}^D \sum_{j=1}^N \left| \varphi_t(i, j) \right|^2 \qquad (6\text{-}15)$$

式中，$c_v(i)$ 中的第 i 个元素记录了节点 i 和节点 v 之间的相似度，节点 i 为节点 v 的邻域节点；$i, v \in V$ 且 $i \in N(v)$，其中 $N(v)$ 表示节点 v 的邻域节点集。基于公式（6-15），RED 算法将节点 v 局部角色的表示结果 e_v^l 定义为

$$e_v^l = \left[\max_1(c_v), \max_2(c_v), \cdots, \max_i(c_v), \cdots, \max_{d_l}(c_v) \right], \quad d_l = \left| e_v^l \right| \quad (6\text{-}16)$$

式中，$\max_i(c_v)$ 用于返回 c_v 中的第 i 个最大值，$d_l = \left| e_v^l \right|$ 表示 e_v^l 的长度。最后，RED 算法将公式（6-14）中 e_v^g 和公式（6-16）中 e_v^l 融合，得到节点 v 的联合角色嵌入

结果 e_v，其计算方法为

$$e_v = f\left(e_v^g, e_v^l\right) \qquad (6\text{-}17)$$

RED 算法与 QSIM 算法不同处在于量子测量过程，RED 算法的量子测量过程能够用于评价任意节点的角色信息，其依据包括：①利用公式（6-7）指定待评估节点，即粒子初始时刻的出发位置；②累加不同行走步长下节点的测量概率并求均值。上述两步操作可以削弱量子行走中的回溯效应，使粒子在测量时倾向于停留初始待评估节点，此时能够真实地反映出节点的结构特征。为展示 RED 算法在角色嵌入中的优异性能，选择 USAir、Polbooks、Adjnoun、Jazz 以及 Email 网络为实验数据，选择 Node2vec[225]、Rolx[227]、Role2vec[226]以及 Graph wave（GW）[228]算法作为对比方法。以余弦相似性和 k-means 的度量结果为评价标准，上述对比算法及 RED 算法的角色嵌入实验结果如表 6-3 所示。

表 6-3　不同算法的角色嵌入结果

网络数据集	参考指标	Node2vec	Rolx	Role2vec	GW	RED
USAir	余弦相似性	0.002	0.697	0.053	0.514	**0.901**
	k-means	0.001	0.700	0.080	0.887	**0.909**
Polbooks	余弦相似性	0.000	0.996	0.080	0.004	**1.000**
	k-means	0.000	0.996	0.086	0.994	**1.000**
Adjnoun	余弦相似性	0.000	0.966	0.095	0.002	**0.966**
	k-means	0.000	0.969	0.103	0.979	**0.995**
Jazz	余弦相似性	0.000	0.948	0.055	0.055	**0.979**
	k-means	0.000	0.948	0.057	0.977	**0.978**
Email	余弦相似性	0.000	0.917	0.054	0.015	**0.983**
	k-means	0.000	0.916	0.080	0.978	**0.985**

注：加粗数据表示不同网络下角色嵌入精度的最大值。

从表 6-3 可以看出，无论基于余弦相似性或是 k-means 指标，RED 算法的表现均为最优。相比之下，Node2vec 和 Role2vec 算法的角色嵌入精度偏低，而 Rolx 和 GW 算法的角色嵌入表现极不稳定，时高时低。可以认为 RED 算法能高效地识别节点所在的拓扑结构信息，并能在余弦相似性及 k-means 指标下以高精度完成角色检测的任务。

6.3　基于量子行走的图神经网络及图核

6.3.1　依赖特征硬币的量子行走神经网络

依赖特征硬币的量子行走神经网络（quantum walk neural network，QWNN）将节点在网络拓扑中的特征信息含于量子行走的硬币中，以量子行走的演化过程替代传统图神经网络的信息整合和消息传递过程，以此建立针对图分类任务的量子行走神经网络[229]。该模型由 Dernbach 等[229]于 2019 年在 *Applied Network Science* 期刊发表，是基于量子行走图神经网络中极具代表性的工作之一，其以离散时间量子行走作为研究基础，相关理论参考 2.1.1 节和 2.1.2 节，不再赘述。QWNN 模型属于一种量子计算和经典计算混合的模型，其主体可简化为两阶段。第一阶段利用硬币算符学习节点特征，而第二个阶段通过量子行走整合并传递节点的邻域信息。

QWNN 模型第一阶段为每个节点定义一个独立的硬币算符，该算符根据节点特征而构造，二者的映射关系为 $f : X \to \mathbb{C}^{d \times d}$，其中 d 为网络节点的最大度。以节点 v_i 为例，$\forall v_i \in V$，则 v_i 对应的硬币算符定义为

$$C_i = I - \frac{2 f(v_i) f(v_i)^{\mathrm{T}}}{f(v_i)^{\mathrm{T}} f(v_i)} \tag{6-18}$$

式中，I 表示单位矩阵。在 QWNN 模型中，对函数 $f(v_i)$ 定义了两种不同的表达形式，第一种是以节点介数中心性（betweennesss centrality）作为启发信息设计该函数的参数矩阵 W，该函数被定义为

$$f_1(v_i) = W^{\mathrm{T}} \mathrm{vec}\left(X_{\mathcal{N}(v_i)}\right) + b \qquad (6\text{-}19)$$

式中，$\mathcal{N}(v_i)$ 为连接节点 v_i 邻域特征的列向量，每个节点均有专属的独立参数矩阵，b 为函数 $f_1(\cdot)$ 的偏置向量。第二种函数以节点 v_i 对其邻域 $\mathcal{N}(v_i)$ 的相似性度量结果为启发，定义为

$$f_2(v_i) = X_{\mathcal{N}(i)} W X_i^{\mathrm{T}} \qquad (6\text{-}20)$$

式中，$W \in \mathbb{R}^{F \times F}$，$F$ 为节点的特征数量；X 为特征信息对应的矩阵。

QWNN 模型第二阶段基于第一阶段构造的硬币矩阵和离散时间量子行走的基础理论，用一步行走替代该模型一个训练层，该过程通过硬币矩阵同移位张量的交替相乘实现。移位张量 S 对图结构的编码方法为：当且仅当节点 v 邻域中的第 i 个节点是 u，并且节点 u 邻域中的第 j 个节点是 v 时，$S_{ujvi} = 1$ 且 $S \in \mathbb{Z}_2^{N \times d \times N \times d}$。当发生 T 步行走时，可以得到一个叠加张量 ψ，$\psi = \left\{\psi^{(0)}, \psi^{(1)}, \cdots, \psi^{(T)}\right\}$。当每个训练层以当前处于叠加的张量 $\psi^{(t)}$ 作为输入，利用 QWNN 模型的第一阶段构造硬币矩阵的集合 $C^{(t)}$，量子行走的一次演化被定义为当前时刻叠加张量、硬币矩阵集、移位张量三者的乘积：

$$\psi^{(t+1)} = \psi^{(t)} C^{(t)} S \qquad (6\text{-}21)$$

公式（6-21）所得到的 $\psi^{(t+1)}$ 即为当前训练层的结果，同时它也作为下一训练层的输入。

QWNN 模型的最后部分是信息传递，给定叠加张量 ψ，通过累加叠加态构造传播矩阵，其计算方法为

$$P = \sum_k \psi_{\cdot k} \psi_{\cdot k} \qquad (6\text{-}22)$$

式中，P 的计算结果为矩阵，P 中元素 P_{ij} 表示从节点 v_i 出发停留在节点 v_j 上的概率，$\psi_{\cdot k}$ 表示矩阵 ψ 中全部的第 k 列分量。而传播特征通过矩阵 P 和特征向量 X 的复合计算得到，其计算方法为

$$Y = h(PX + b) \tag{6-23}$$

式中，$h(\cdot)$ 为非线性函数。

为验证 QWNN 模型在图分类任务上的表现，针对 ENZYMES、MUTAG 以及 NCI1 图数据，此三个数据集的介绍见本书附录部分；选择图卷积网络（graph convolutional network，GCN）[230]、传播卷积神经网络（diffusion-convolutional neural network，DCNN）[231]、图注意力网络（graph attention network，GAT）[232]、Weisgeiler-Lehman 核（Weisgeiler-Lehman kernel，WLK）[233]以及最短路径核（shortest-path kernel，SPK）[234]作为对比方法，QWNN 模型及上述方法的图分类精度和标准差参考表 6-4。该表中 QWNN（f_1）和 QWNN（f_2）分别表示 QWNN 模型采用公式（6-19）和公式（6-20）作为节点特征映射函数时的图分类结果。

尽管 QWNN 在 ENZYMES 数据集上的分类精度不太令人满意，但其在 MUTAG 和 NCI1 数据集上分类精度较为优异，特别是在公式（6-19）的函数作为启发信息时，QWNN 模型在图分类任务上的精度提高尤为明显。综上，可以认为该模型能够有效地划分图集合中图网络的所属类别。QWNN 模型利用粒子在图上行走整合节点邻域信息的思路为基于量子行走的网络特征提取研究提供了新方案，同时该模型也表明融合有利于目标任务的启发信息可以调节量子行走所提取特征结果的精度。

表 6-4　QWNN 模型及其对比算法的图分类精度和标准差

对比算法	ENZYMES 数据集	MUTAG 数据集	NCI1 数据集
GCN	0.31 ± 0.06	0.87 ± 0.10	0.69 ± 0.02
DCNN	0.27 ± 0.08	0.89 ± 0.10	0.69 ± 0.01
GAT	0.32 ± 0.04	0.89 ± 0.06	0.66 ± 0.03
WLK	$\mathbf{0.59\pm0.01}$	0.84 ± 0.01	$\mathbf{0.85\pm0.00}$
SPK	0.41 ± 0.02	0.87 ± 0.01	0.73 ± 0.00
QWNN（f_1）	0.26 ± 0.03	$\mathbf{0.90\pm0.09}$	0.76 ± 0.01
QWNN（f_2）	0.33 ± 0.04	0.88 ± 0.04	0.73 ± 0.02

注：加粗数据表示针对不同数据集，图分类精度最高的结果。

6.3.2　基于快速量子行走的 R 卷积核

基于快速量子行走的 R 卷积核（fast quantum walk kernel，FQWK）成果于 2022 年发表在 *IEEE Transactions on Neural Networks and Learning Systems* 期刊，是量子行走在图神经网络及图同构邻域具有代表性的新工作[52]。FQWK 属于一种基于离散时间量子行走的图核，图核可理解为计算图内积的一个函数，其目的在于测量两张图的相似性。本节对 FQWK 的描述分为三个部分：将原始图网络表示为有向线图、定义并实现有向线图上的离散时间量子行走以及利用 k 阶邻域子结构概率振幅的差异快速地判定图网络是否同构，其中线图的基本概念和转化过程参考 6.1 节，不再赘述。

6.1 节提到过，线图 G_L 是对原始图网络 G 的高维且二重的表达，因此 G_L 对应邻接矩阵的行列数等于 G 中链路总数，即 G_L 中的节点数，$2|E|$ 即图 G_L 上的空间维度。原始网络上的量子行走相当于针对节点的编码，而有向线图上的量子行走等价于链路层面的编码。当离散时间量子行走发生在网络 G 的有向线图 G_L 上时，设线图上任意链路 $e_d(u,v)$ 的标准基为 $|u,v\rangle$，则其量子态定义为

$$|\psi\rangle = \sum_{e_d(u,v)\in E_d} \alpha_{u,v}|u,v\rangle \tag{6-24}$$

式中，$\alpha_{u,v}$ 为复值的概率振幅。

参考 Grover 算符[2]将离散时间量子行走的演化算符 U 中的元素 $U_{im,nj}$ 形式化地表达为

$$U_{im,nj} = \begin{cases} A_{im}A_{nj}\left(\dfrac{2}{d_m}-\sigma_{ij}\right), & m=n \\ 0, & \text{否则} \end{cases} \tag{6-25}$$

式中，$U_{im,nj}$ 包含了概率振幅自有向链路 $e_d(i,m)$ 向 $e_d(n,j)$ 转移的信息；d_m 表示节点 m 的度值。关于公式（6-25）中的 σ_{ij}，其仅在 $i=j$ 时等于 1，否则为 0。以上便是 FQWK 中量子行走部分的定义，FQWK 作为一种 R 卷积核，其贡献在于

弥补了已有 R 卷积核无法识别子图结构相对位置的缺陷。具体而言，以图 6-3 为例，R 卷积核在计算图结构相似性时会将原始网络拆解为子图，其中三个图网络均由两个四元闭包和一个三元闭包构成，但三者并非同构，此类情况在原始的 R 卷积核中容易错判，即原始的 R 卷积核无法识别子图结构的相对位置。

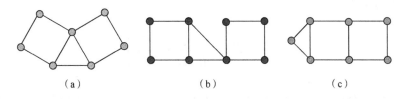

（a）　　　　　　　　　（b）　　　　　　　　　（c）

图 6-3　相同连通分量的非同构图

FQWK 判定子图结构相似性时主要利用 k 阶的邻域子结构（k-level neighborhood-pair substructure）信息。对于线图 G_L 中的任意一对节点 a 和 b，二者的 k 阶邻域子结构 $S_{ab}^{(k)}$ 由全部长度为 k 的路径构成，即始于节点 a 终于节点 b 中行走长度为 k 的全部路径。$S_{ab}^{(k)}$ 表示为

$$S_{ab}^{(k)} = \left\{ w \in W^{(k)} \middle| v_0 = a, v_k = b \right\} \tag{6-26}$$

此时累加自节点 a 向 b 行走路径中全部中继节点的概率振幅，根据公式（6-25），节点 a 和 b 的评分定义为

$$M_{ab} = \sum_{m=1}^{N} \sum_{n=1}^{N} U_{am,nb} \tag{6-27}$$

当指定行走步长（阶数）时，公式（6-27）可进一步表达为

$$M_{ab}^{(t)} = \sum_{m=1}^{N} \sum_{n=1}^{N} U_{am,nb}^{t} \tag{6-28}$$

式中，$M_{ab}^{(t)} \neq \left[M^t \right]_{ab}$。为实现 FQWK 的快速计算，将不同阶数下矩阵 M 的计算特点归纳如下：

$$M^{(t)} = \begin{cases} ADA - 2D^{-1}, & t = 1 \\ MDA - A, & t = 2 \\ M^{(t-1)}DA - M^{(t-2)}, & t \geqslant 3 \end{cases} \quad (6\text{-}29)$$

式中，矩阵 D 中主对角线上的第 m 个元素等于 $2/d_m$，d_m 为节点 m 的度值。因此对角矩阵 D 被定义为

$$D = \operatorname{diag}\left(\frac{2}{d_1}, \frac{2}{d_2}, \cdots, \frac{2}{d_N}\right) \quad (6\text{-}30)$$

在 2.3 节分析过量子多步行走所产生的衍生问题，即叠加状态下回溯的负面作用。当量子行走的步数 $t \geqslant 3$ 时，系统的演化结果中必然重复包含了一阶和二阶子图结构的冗余信息。在公式（6-29）中，$t \geqslant 3$ 时的计算方法相当于减去前两阶结构特征的冗余信息，从而使概率振幅矩阵 M 所包含的线图中的结构特征更为有效。当公式（6-29）中 t 取不同值时，使用 FQWK 处理图同构任务便可获得图网络 t 阶结构特征对应的分布，并以此作为快速量子行走核函数的输入信息。FQWK 将待判定的两个图 G_A 和 G_B 的 R 卷积核函数表达为

$$\mathcal{K}_{\mathrm{FQWK}}(G_A, G_B) = \sum_t \mathcal{K}_t(G_A, G_B) \quad (6\text{-}31)$$

在 t 步行走后将生成一个子图核函数 $\mathcal{K}_t(G_A, G_B)$，它用于统计全部行走步长为 t 的同构邻域子结构，该子图核函数的计算方法为

$$\mathcal{K}_t(G_A, G_B) = \sum_{m,n \in G_A} \sum_{u,v \in G_B} \Delta\left(S_{mn}^{(t)}, S_{uv}^{(t)}\right) \quad (6\text{-}32)$$

式中，$\Delta(\cdot)$ 为 0 和 1 的判定函数，其判断依据为

$$\Delta\left(S_{mn}^{(t)}, S_{uv}^{(t)}\right) = \begin{cases} 1, & M_{mn}^{(t)} = M_{uv}^{(t)} \\ 0, & \text{否则} \end{cases} \quad (6\text{-}33)$$

在公式（6-33）中，$M_{mn}^{(t)}$ 和 $M_{uv}^{(t)}$ 分别代表阶数等于 t 的邻域子结构 $S_{mn}^{(t)}$ 和 $S_{uv}^{(t)}$ 对应的概率振幅。换言之，FQWK 通过比较两个邻域子结构集合对应概率振幅的差异

判定二者是否相似或同构。

本节选择 8 种常见或具有代表性的卷积核方法作为对比算法，包括随机行走核（random walk kernel，RWK）、WLK[233]、完全非同构子图核（all graphlet kernel，AGK）[235]、PATCHY-SAN 卷积神经网络（PATCHY-SAN CNN，PSCNN）[236]、深度图卷积神经网络（deep graph convolutional neural network，DGCNN）[237]、对齐子树核（aligned subtree kernel，ASK）[238]、量子詹森-香农散度核（quantum Jenson-Shannon kernel，QJSK）[152]以及基于离散时间量子行走的链路匹配核（edge-based matching kernel through discrete-time quantum walk，DQMK）[239]，其中 ASK、QJSK 以及 DQMK 均是基于量子行走的卷积核。本节实验选择开源网络 AIDS、DHFR、ENZYMES、MUTAG 以及 PTC_MM 作为测试数据集，数据集的相关介绍见本书附录部分。上述算法同 FQWK 在此五个网络上的图分类精度见表 6-5。

表 6-5　不同算法对图分类的平均精度

对比算法	AIDS	DHFR	ENZYMES	MUTAG	PTC_MM
RWK	80.00±0.28	78.20±0.61	14.20±0.42	80.56±0.72	61.59±0.86
WLK	98.89±0.70	79.39±0.57	37.69±0.62	83.22±0.89	61.72±0.81
AGK	99.07±0.07	78.20±0.61	28.88±0.61	82.01±0.90	63.65±0.82
PSCNN	**99.53±0.03**	77.66±0.14	15.50±0.09	83.16±0.11	59.41±0.34
DGCNN	98.50±0.03	78.28±0.46	40.12±0.11	77.78±0.51	54.55±0.76
ASK	96.74±0.12	78.17±0.61	30.26±0.60	**84.96±0.84**	61.15±0.81
QJSK	79.59±0.28	78.73±0.61	34.61±0.62	83.62±0.68	60.58±0.85
DQMK	79.99±0.67	78.15±0.64	28.91±0.71	76.42±0.88	61.09±0.73
FQWK	**99.53±0.06**	**80.87±0.57**	**41.55±0.61**	84.27±0.83	**63.77±0.78**

注：加粗数据表示针对不同数据集，图分类精度最高的结果。

根据表 6-5 的实验结果可以发现，FQWK 在 AIDS、DHFR、ENZYMES 以及 PTC_MM 数据集上的图分类精度较高。对比同为基于量子行走的卷积核（ASK、QJSK 和 DQMK），尽管 ASK 在 MUTAG 数据集上的表现超越了 FQWK，但 FQWK

在五个网络数据集上的图分类平均精度均超越其他基于量子行走的卷积核。另外，PSCNN 尽管在 AIDS 数据集上的表现同 FQWK 均为最佳，但其在 DHFR 和 PTC_MM 数据集上的图分类精度远低于其他卷积核方法。根据以上的实验分析，FQWK 在有向线图的基础上，能够有效地识别网络的局部拓扑特征，并准确地分类图网络所属的标签。

6.4　本章小结与讨论

从网络表示学习的表达和计算形式来看，基于量子行走方法的计算过程与其相对应，具有潜在的训练优势。网络表示学习包括编码和解码两个核心阶段，在编码阶段网络节点被表达为向量，而在解码阶段根据所编码的向量重构图网络拓扑，进而完成特定的训练任务。粒子在图上的演化阶段，可以看作将节点映射至潜在空间成为嵌入向量的过程。该过程将网络每一个节点映射为嵌入向量，并配合硬币算符和概率振幅作为启发信息，使每个嵌入向量包含节点所在的局部拓扑特征。此时，粒子在图上的演化结果即为全体节点的嵌入向量所构成的矩阵。这同网络表示学习中编码阶段的计算思想是一致的，并且利用连续时间量子行走的计算方法或压缩了空间维度的离散时间量子行走计算方法，可以将每个节点的嵌入向量长度锁定为网络的节点数量。在解码阶段，仍然可以采用谱图矩阵或随机行走方法为节点间相似性提供评价依据，并重构原始的图网络数据，以完成诸如节点分类、社团发现以及个性推荐等训练任务。因此，基于量子行走研究表示学习在复杂网络结构挖掘上的各类任务将成为新的研究方向。

基于量子行走的网络表示学习研究计划还可以进一步深入推进。首先，在编码阶段，被编码的对象不仅可以是节点亦可以是链路、子图以及社团结构，在不同的处理任务中应当区别对待。其次，通过控制量子行走的步长，或者沿袭表示学习中多跳邻域信息的整合方法，可以将多跳邻域的拓扑特征融合至嵌入向量中，使基于量子行走的表示学习方法所包含的信息更为丰富。再者，在整合节点及其邻域的编码阶段，可尝试对节点的邻域仅执行部分采样，而不是全部采样，提高基于量子行走表示学习方法的执行效率。最后，将演化算符和概率振幅对应的矩阵和向量考虑为参数阵列，一方面用于调节嵌入向量重构图数据的准确性，另一方面有利于将目标任务的启发信息代入嵌入向量中，提升基于量子行走表示学习的性能。

关于深度学习和图神经网络方面的大量工作表明，节点的嵌入向量若不能准确地包含图网络的结构信息，那么无论训练层级有多深、模型如何健壮，其训练结果精度的提高都将是极其有限的。显然，节点的合理表示是模型能以高精度实现训练任务的基础和前提，基于量子行走的网络表示学习方法或将为此带来新方法和新机遇。

结　束　语

量子行走同复杂网络的交叉融合虽然带来了新的研究思路和解决方案，但其在应用研究上也存在一系列有待解决的问题。该部分给出五项可能的研究热点和难点供读者参考，以往章节的结论、讨论及展望不再重复。

1. 大规模复杂网络上量子行走的优化计算

附录部分列出了本书所涉复杂网络数据集的规模，相当一部分网络属于稀疏的小规模网络。即便如此，部分算法在这些数据集上的计算已经达到了较为吃力的程度。量子行走计算的并行化将成为量子行走在复杂网络中应用的一个重要研究方向，特别是针对复杂问题环境下 2 粒子纠缠态所带来的计算资源消耗，并行化处理所能产生的资源节约将尤为可观，但目前此类研究的关注者甚少。

2. 量子行走在不同类型复杂网络上的应用

本书所涉复杂网络的类型包含了二部分网络、同构网络以及动态网络，实际上复杂网络的类型并不限于此，还包括异构网络和多层网络等类型。已有的复杂网络量子行走算法能否适应不同类型的网络，尚不明确。对于不同类型复杂网络上的量子行走，其演化能否满足幺正变换条件，亦尚不明确。不仅如此，部分网络数据带有外部信息（例如权重、时间戳和标签信息等），量子行走如何有效地包含这些信息，也尚无明确的设计思路。因此，定义不同类型复杂网络上量子行走的泛化表达并使其在网络结构挖掘任务上发挥积极作用是一项富有挑战的课题。

3. 量子行走测量结果同复杂网络统计学特性间量化关系的探索

本书所介绍的大量实例已经证明复杂网络上量子行走的测量结果能够反映出

网络的拓扑特征，但测量结果同网络统计学特性间的关联关系尚不明确，例如，已有工作很难断定何种量子行走在何种网络上的测量结果更适合何种网络结构的挖掘任务。以 Fourier 量子行走在社团发现中的应用为例[111]，Fourier 量子行走相位参数的设定对社团划分结果起到决定性作用，而复杂网络的同步控制同样利用相位变化研究振子与其周围有限个振子的相互作用关系。探索并量化测量结果和复杂网络统计特性间的关系可以进一步提高复杂网络量子行走算法在网络结构挖掘任务上的计算精度，并推进其在生活中的应用。

4. 面向复杂网络中组合个体挖掘的量子行走算法

本书所涉及的面向复杂网络结构挖掘的量子行走算法均是逐个对节点和链路评分的计算方法。而实际上，以关键节点的挖掘为例，重要性排名位列第一、第二节点的组合并不一定代表重要节点集。类似于由男单羽毛球冠军和女单羽毛球冠军组成的队伍无法直接代表混双羽毛球赛的冠军小组。目前书中所涉算法仅能挖掘单个有意义的节点或链路，无法挖掘有意义的组合个体，未来挖掘组合个体的复杂网络量子行走算法将大力推动这一领域的研究和发展。

5. 复杂网络上量子行走算法的设计需"双轨并行"

因广义量子行走算法是预期在未来量子设备上运行的程序，而幺正演化等条件在一定程度上限制了算法的实际应用，因此本书中部分量子行走算法未严格遵循幺正变换条件。舍弃了幺正变换等条件的量子行走算法虽直观有效，但在理论上并不完美。未来基于量子行走的算法设计应当针对理论或实际应用有侧重地研究，两种设计思路应当双轨并行，适当取舍这类约束。既不能一味抛弃幺正变换而走捷径，亦不能死守约束条件却不灵活变通。这种双轨并行的设计思想也是计算机科学研究者能够迅速融入量子计算领域并利用量子计算优势加快传统算法设计及改进的重要途径。

　　关于量子行走在复杂网络中的应用，有趣且富有挑战的研究并不限于上述五项，随着研究的不断发展和深入，许多新问题还将继续涌现。与其说该部分为本书的结束语，不妨说是量子行走在复杂网络上应用研究的一个开端。由衷希望不同领域的读者加入量子计算和网络科学交叉研究的队伍中来，共修漫漫之路，同索茫茫之道。

参 考 文 献

[1] Shor P W. Algorithms for quantum computation: Discrete logarithms and factoring[C]. Proceedings of the 35th Annual Symposium on Foundations of Computer Science, 1994: 124-134.

[2] Grover L K. A fast quantum mechanical algorithm for database search[C]. Proceedings of the 28th Annual ACM Symposium on Theory of Computing, 1996: 212-219.

[3] Harrow A W, Hassidim A, Lloyd S. Quantum algorithm for linear systems of equations[J]. Physical Review Letters, 2009, 103(15): 150502.

[4] Schuld M, Sinayskiy I, Petruccione F. An introduction to quantum machine learning[J]. Contemporary Physics, 2015, 56(2): 172-185.

[5] Dunjko V, Briegel H J. Machine learning & artificial intelligence in the quantum domain: A review of recent progress[J]. Reports on Progress in Physics, 2018, 81(7): 074001.

[6] Biamonte J, Wittek P, Pancotti N, et al. Quantum machine learning[J]. Nature, 2017, 549(7671): 195-202.

[7] Fujitsu and NYK streamline stowage planning for car carriers by leveraging quantum-inspired "digital annealer"[EB/OL]. (2021-09-02)[2022-08-20]. https://www.fujitsu.com/global/about/resources/news/press-releases/2021/0902-01.html.

[8] Li W T, Huang Z G, Cao C S, et al. Toward practical quantum embedding simulation of realistic chemical systems on near-term quantum computers[J]. Chemical Science, 2022, 13(31): 8953-8962.

[9] 合肥本源量子计算科技有限责任公司. 本源量子期权策略应用详细解读[EB/OL].(2021-05-21)[2022-08-20]. https:// originqc.com.cn/zh/new_detail.html?newId=86.

[10] Gong M, Wang S Y, Zha C, et al. Quantum walks on a programmable two-dimensional 62-qubit superconducting processor[J]. Science, 2021, 372(6545): 948-952.

[11] Chen J P, Zhang C, Liu Y, et al. Quantum key distribution over 658 km fiber with distributed vibration sensing[J]. Physical Review Letters, 2022, 128(18): 180502.

[12] Yan F, Iliyasu A M, Le P Q. Quantum image processing: A review of advances in its security technologies[J]. International Journal of Quantum Information, 2017, 15(03): 1730001.

[13] Yan F, Iliyasu A M, Venegas-Andraca S E. A survey of quantum image representations[J]. Quantum Information Processing, 2016, 15(1): 1-35.

[14] 李士勇, 李研, 林永茂. 智能优化算法与涌现计算[M]. 北京: 清华大学出版社, 2019.

[15] 夏培肃. 量子计算[J]. 计算机研究与发展, 2001(10): 1153-1171.

[16] 闫飞, 杨华民, 蒋振刚. 量子图像处理及应用[M]. 北京: 科学出版社, 2016.

[17] Chandrashekar C M, Srikanth R, Laflamme R. Optimizing the discrete time quantum walk using a SU(2) coin[J]. Physical Review A, 2008, 77(3): 032326.

[18] Yan F, Li N Q, Hirota K. QHSL: A quantum hue, saturation, and lightness color model[J]. Information Sciences, 2021, 577: 196-213.

[19] Nielsen M A, Chuang I. 量子计算和量子信息[M]. 赵千川, 译. 北京: 清华大学出版社, 2004.

[20] Williams C P, Clearwater S H. Explorations in Quantum Computing[M]. Berlin: Springer, 1998.

[21] Portugal R. Quantum Walks and Search Algorithms[M]. Berlin: Springer, 2013.

[22] Cerezo M, Arrasmith A, Babbush R, et al. Variational quantum algorithms[J]. Nature Reviews Physics, 2021, 3(9): 625-644.

[23] Rebentrost P, Mohseni M, Lloyd S. Quantum support vector machine for big data classification[J]. Physical Review Letters, 2014, 113(13): 130503.

[24] Bravo-Prieto C, García-Martín D, Latorre J I. Quantum singular value decomposer[J]. Physical Review A, 2020, 101(6): 062310.

[25] Brassard G, Hoyer P, Mosca M, et al. Quantum amplitude amplification and estimation[J]. Contemporary Mathematics, 2002, 305: 53-74.

[26] Albash T, Lidar D A. Adiabatic quantum computation[J]. Reviews of Modern Physics, 2018, 90(1): 015002.

[27] Casalé B, Di Molfetta G, Kadri H, et al. Quantum bandits[J]. Quantum Machine Intelligence, 2020, 2(1): 1-7.

[28] Childs A M, Goldstone J. Spatial search by quantum walk[J]. Physical Review A, 2004, 70(2): 022314.

[29] Childs A M. Universal computation by quantum walk[J]. Physical Review Letters, 2009, 102(18): 180501.

[30] Buhrman H, Spalek R. Quantum verification of matrix products[J]. arXiv preprint arXiv: quant-ph/0409035, 2004.

[31] 李萌, 尚云. 两硬币量子游走模型中的相干动力学[J]. 计算机研究与发展, 2021, 58(9): 1897-1905.

[32] 王一诺, 宋昭阳, 马玉林, 等. 基于 DNA 编码与交替量子随机行走的彩色图像加密算法[J]. 物理学报, 2021, 70(23): 32-41.

[33] 王会权. 量子漫步的概率幅调控技术研究——模型、应用和物理实现[D]. 长沙: 国防科技大学, 2016.

[34] Aharonov Y, Davidovich L, Zagury N. Quantum random walks[J]. Physical Review A, 1993, 48(2): 1687.

[35] Shenvi N, Kempe J, Whaley K B. Quantum random-walk search algorithm[J]. Physical Review A, 2003, 67(5): 052307.

[36] Wang J B, Manouchehri K. Physical Implementation of Quantum Walks[M]. Berlin: Springer, 2013.

[37] Szegedy M. Quantum speed-up of Markov chain based algorithms[C]. Proceedings of the 45th Annual IEEE Symposium on Foundations of Computer Science, 2004: 32-41.

[38] Portugal R, Boettcher S, Falkner S. One-dimensional coinless quantum walks[J]. Physical Review A, 2015, 91(5): 052319.

[39] Douglas B L, Wang J B. Efficient quantum circuit implementation of quantum walks[J]. Physical Review A, 2009, 79(5): 052335.

[40] Berry D W, Childs A M. Black-box Hamiltonian simulation and unitary implementation[J]. Quantum Information & Computation, 2012, 12(1/2): 0029-0062.

[41] Duan B J, Yuan J B, Yu C H, et al. A survey on HHL algorithm: From theory to application in quantum machine learning[J]. Physics Letters A, 2020, 384(24): 126595.

[42] Wiebe N, Braun D, Lloyd S. Quantum algorithm for data fitting[J]. Physical Review Letters, 2012, 109(5): 050505.

[43] Lloyd S, Mohseni M, Rebentrost P. Quantum principal component analysis[J]. Nature Physics, 2014, 10(9): 631-633.

[44] Bacco C D, Larremore D B, Moore C. A physical model for efficient ranking in networks[J]. Science Advances, 2018, 4(7): eaar8260.

[45] 合肥本源量子计算科技有限责任公司. 本源量子云: 应用推广云[EB/OL].(2022-06-23)[2022-07-01]. https://qcloud.originqc.com.cn/application/bigData.

[46] Deutsch D. Quantum theory, the Church-Turing principle and the universal quantum computer[J]. Proceedings of the Royal Society A: Mathematical, Physical and Engineering Sciences, 1985, 400(1818): 97-117.

[47] Somma R D, Boixo S, Barnum H, et al. Quantum simulations of classical annealing processes[J]. Physical Review Letters, 2008, 101(13): 130504.

[48] National Institute of Standards and Technology. Quantum Algorithm Zoo[EB/OL].(2021-05-07)[2022-06-01]. https://quantumalgorithmzoo.org/.

[49] Childs A M, Gosset D, Webb Z. Universal computation by multiparticle quantum walk[J]. Science, 2013, 339(6121): 791-794.

[50] Lovett N B, Cooper S, Everitt M, et al. Universal quantum computation using the discrete-time quantum walk[J]. Physical Review A, 2010, 81(4): 042330.

[51] Pearson K. The problem of the random walk[J]. Nature, 1905, 72(294): 342-343.

[52] Zhang Y, Wang L L, Wilson R C, et al. An R-convolution graph kernel based on fast discrete-time quantum walk[J]. IEEE Transactions on Neural Networks and Learning Systems, 2022, 33(1): 292-303.

[53] Abd El-Latif A A, Abd-El-Atty B, Venegas-Andraca S E, et al. Providing end-to-end security using quantum walks in IoT networks[J]. IEEE Access, 2020, 8: 92687-92696.

[54] Yang Y G, Pan Q X, Sun S J, et al. Novel image encryption based on quantum walks[J]. Scientific Reports, 2015, 5(1): 1-9.

[55] Yang Y G, Xu P, Yang R, et al. Quantum Hash function and its application to privacy amplification in quantum key distribution, pseudo-random number generation and image encryption[J]. Scientific Reports, 2016, 6(1): 1-14.

[56] Abd El-Latif A A, Abd-El-Atty B, Venegas-Andraca S E. A novel image steganography technique based on quantum substitution boxes[J]. Optics & Laser Technology, 2019, 116: 92-102.

[57] Abd-El-Atty B, Abd El-Latif A A, Venegas-Andraca S E, et al. An encryption protocol for NEQR images based on one-particle quantum walks on a circle[J]. Quantum Information Processing, 2019, 18(9): 1-26.

[58] Wang Y, Shang Y, Xue P. Generalized teleportation by quantum walks[J]. Quantum Information Processing, 2017, 16(9): 1-13.

[59] Shang Y, Wang Y, Li M, et al. Quantum communication protocols by quantum walks with two coins[J]. EPL (Europhysics Letters), 2019, 124(6): 60009.

[60] Barnum H, Crepeau C, Gottesman D, et al. Authentication of quantum messages[C]. Proceedings of the 43rd Annual IEEE Symposium on Foundations of Computer Science, 2002: 449-458.

[61] Meijer H, Akl S. Digital signature schemes for computer communication networks[J]. ACM SIGCOMM Computer Communication Review, 1981, 11(4): 37-41.

[62] Feng Y Y, Shi R H, Shi J J, et al. Arbitrated quantum signature scheme with quantum walk-based teleportation[J]. Quantum Information Processing, 2019, 18(5): 1-21.

[63] 冯艳艳, 施荣华, 石金晶, 等. 基于量子游走的仲裁量子签名方案[J]. 物理学报, 2019, 68(12): 68-76.

[64] Li H J, Li J, Xiang N, et al. A new kind of universal and flexible quantum information splitting scheme with multi-coin quantum walks[J]. Quantum Information Processing, 2019, 18(10): 1-20.

[65] Krovi H, Magniez F, Ozols M, et al. Quantum walks can find a marked element on any graph[J]. Algorithmica, 2016, 74(2): 851-907.

[66] Ambainis A, Kempe J, Rivosh A. Coins make quantum walks faster[J]. arXiv preprint arXiv: quant-ph/0402107, 2004.

[67] Magniez F, Nayak A, Roland J, et al. Search via quantum walk[J]. SIAM Journal on Computing, 2011, 40(1): 142-164.

[68] Magniez F, Nayak A, Richter P C, et al. On the hitting times of quantum versus random walks[J]. Algorithmica, 2012, 63(1): 91-116.

[69] Buhrman H, Dürr C, Heiligman M, et al. Quantum algorithms for element distinctness[J]. SIAM Journal on Computing, 2005, 34(6): 1324-1330.

[70] Ambainis A. Quantum walk algorithm for element distinctness[J]. SIAM Journal on Computing, 2007, 37(1): 210-239.

[71] Magniez F, Santha M, Szegedy M. Quantum algorithms for the triangle problem[J]. SIAM Journal on Computing, 2007, 37(2): 413-424.

[72] Wong T G. Faster quantum walk search on a weighted graph[J]. Physical Review A, 2015, 92(3): 032320.

[73] Rhodes M L, Wong T G. Quantum walk search on the complete bipartite graph[J]. Physical Review A, 2019, 99(3): 032301.

[74] Rapoza J, Wong T G. Search by lackadaisical quantum walk with symmetry breaking[J]. Physical Review A, 2021, 104(6): 062211.

[75] Chakraborty S, Novo L, Ambainis A, et al. Spatial search by quantum walk is optimal for almost all graphs[J]. Physical Review Letters, 2016, 116(10): 100501.

[76] Tanaka H, Sabri M, Portugal R. Spatial search on Johnson graphs by continuous-time quantum walk[J]. Quantum Information Processing, 2022, 21(2): 1-13.

[77] Moradi M, Annabestani M. Möbius quantum walk[J]. Journal of Physics A: Mathematical and Theoretical, 2017, 50(50): 505302.

[78] 李鹏程. 复杂网络上的连续时间量子游走[D]. 上海: 复旦大学, 2013.

[79] Berry S D, Wang J B. Quantum-walk-based search and centrality[J]. Physical Review A, 2010, 82(4): 042333.

[80] Venegas-Andraca S E. Quantum walks: A comprehensive review[J]. Quantum Information Processing, 2012, 11(5): 1015-1106.

[81] 李丹. 离散型量子漫步模型分析及其应用[D]. 北京: 北京邮电大学, 2016.

[82] Abd El-Latif A A, Abd-El-Atty B, Mazurczyk W, et al. Secure data encryption based on quantum walks for 5G Internet of Things scenario[J]. IEEE Transactions on Network and Service Management, 2020, 17(1): 118-131.

[83] Yang Y G, Bi J L, Chen X B, et al. Simple hash function using discrete-time quantum walks[J]. Quantum Information Processing, 2018, 17(8): 1-19.

[84] Wong T G, Tarrataca L, Nahimov N. Laplacian versus adjacency matrix in quantum walk search[J]. Quantum Information Processing, 2016, 15(10): 4029-4048.

[85] Omar Y, Paunković N, Sheridan L, et al. Quantum walk on a line with two entangled particles[J]. Physical Review A, 2006, 74(4): 042304.

[86] Štefaňák M, Kiss T, Jex I, et al. The meeting problem in the quantum walk[J]. Journal of Physics A: Mathematical and General, 2006, 39(48): 14965.

[87] Bisio A, Dariano G M, Mosco N, et al. Solutions of a two-particle interacting quantum walk[J]. Entropy, 2018, 20(6): 435.

[88] Lahini Y, Verbin M, Huber S D, et al. Quantum walk of two interacting bosons[J]. Physical Review A, 2012, 86(1): 011603.

[89] Chandrashekar C M, Busch T. Quantum walk on distinguishable non-interacting many-particles and indistinguishable two-particle[J]. Quantum Information Processing, 2012, 11(5): 1287-1299.

[90] Rodriguez J P, Li Z J, Wang J B. Discord and entanglement of two-particle quantum walk on cycle graphs[J]. Quantum Information Processing, 2015, 14(1): 119-133.

[91] Sun X Y, Wang Q H, Li Z J. Interacting two-particle discrete-time quantum walk with percolation[J]. International Journal of Theoretical Physics, 2018, 57(8): 2485-2495.

[92] Costa P C S, de Melo F, Portugal R. Multiparticle quantum walk with a gaslike interaction[J]. Physical Review A, 2019, 100(4): 042320.

[93] Carson G R, Loke T, Wang J B. Entanglement dynamics of two-particle quantum walks[J]. Quantum Information Processing, 2015, 14(9): 3193-3210.

[94] Berry S D, Wang J B. Two-particle quantum walks: Entanglement and graph isomorphism testing[J]. Physical Review A, 2011, 83(4): 042317.

[95] Li D, Zhang J, Guo F Z, et al. Discrete-time interacting quantum walks and quantum Hash schemes[J]. Quantum Information Processing, 2013, 12(3): 1501-1513.

[96] Li D, Zhang J, Ma X W, et al. Analysis of the two-particle controlled interacting quantum walks[J]. Quantum Information Processing, 2013, 12(6): 2167-2176.

[97] Falkner S, Boettcher S. Weak limit of the three-state quantum walk on the line[J]. Physical Review A, 2014, 90(1): 012307.

[98] Inui N, Konno N. Localization of multi-state quantum walk in one dimension[J]. Physica A: Statistical Mechanics and its Applications, 2005, 353: 133-144.

[99] Inui N, Konno N, Segawa E. One-dimensional three-state quantum walk[J]. Physical Review E, 2005, 72(5): 056112.

[100] Machida T, Chandrashekar C M. Localization and limit laws of a three-state alternate quantum walk on a two-dimensional lattice[J]. Physical Review A, 2015, 92(6): 062307.

[101] Zeng M, Yong E H. Discrete-time quantum walk with phase disorder: Localization and entanglement entropy[J]. Scientific Reports, 2017, 7(1): 1-9.

[102] He Z M, Huang Z M, Li L Z, et al. Coherence evolution in two-dimensional quantum walk on lattice[J]. International Journal of Quantum Information, 2018, 16(2): 1850011.

[103] Attal S, Petruccione F, Sinayskiy I. Open quantum walks on graphs[J]. Physics Letters A, 2012, 376(18): 1545-1548.

[104] Hatano N, Obuse H. Delocalization of a non-Hermitian quantum walk on random media in one dimension[J]. Annals of Physics, 2021, 435: 168615.

[105] Saha A, Mandal S B, Saha D, et al. One-dimensional lazy quantum walk in ternary system[J]. IEEE Transactions on Quantum Engineering, 2021, 2: 1-12.

[106] Mochizuki K, Bessho T, Sato M, et al. Topological quantum walk with discrete time-glide symmetry[J]. Physical Review B, 2020, 102(3): 035418.

[107] Ribeiro P, Milman P, Mosseri R. Aperiodic quantum random walks[J]. Physical Review Letters, 2004, 93(19): 190503.

[108] Kendon V. Decoherence in quantum walks—a review[J]. Mathematical Structures in Computer Science, 2007, 17(6): 1169-1220.

[109] Konno N. Quantum walks[J]. Sugaku Expositions, 2020, 33(2): 135-158.

[110] Kendon V. Quantum walks on general graphs[J]. International Journal of Quantum Information, 2006, 4(5): 791-805.

[111] Mukai K, Hatano N. Discrete-time quantum walk on complex networks for community detection[J]. Physical Review Research, 2020, 2(2): 023378.

[112] Schofield C, Wang J B, Li Y Y. Quantum walk inspired algorithm for graph similarity and isomorphism[J]. Quantum Information Processing, 2020, 19(9): 1-19.

[113] Wang X, Lu K, Zhang Y, et al. QSIM: A novel approach to node proximity estimation based on discrete-time quantum walk[J]. Applied Intelligence, 2021, 51(4): 2574-2588.

[114] Wang X, Jian S L, Lu K, et al. RED: Learning the role embedding in networks via discrete-time quantum walk[J]. Applied Intelligence, 2022, 52(2): 1493-1507.

[115] Liu K, Zhang Y, Lu K, et al. MapEff: An effective graph isomorphism agorithm based on the discrete-time quantum walk[J]. Entropy, 2019, 21(6): 569.

[116] Chawla P, Mangal R, Chandrashekar C M. Discrete-time quantum walk algorithm for ranking nodes on a network[J]. Quantum Information Processing, 2020, 19(5): 1-21.

[117] Wong T G. Equivalence of Szegedy's and coined quantum walks[J]. Quantum Information Processing, 2017, 16(9): 1-15.

[118] Wong T G, Santos R A M. Exceptional quantum walk search on the cycle[J]. Quantum Information Processing, 2017, 16(6): 154.

[119] Paparo G D, Müller M, Comellas F, et al. Quantum Google in a complex network[J]. Scientific Reports, 2013, 3(1): 1-16.

[120] Paparo G D, Müller M, Comellas F, et al. Quantum Google algorithm[J]. The European Physical Journal Plus, 2014, 129(7): 1-16.

[121] Loke T, Tang J W, Rodriguez J, et al. Comparing classical and quantum PageRanks[J]. Quantum Information Processing, 2017, 16(1): 1-22.

[122] 白晓梅. 基于社会网络分析的学术影响力评估与预测[D]. 大连: 大连理工大学, 2017.

[123] Xu X P, Liu F. Continuous-time quantum walks on Erdös-Rényi networks[J]. Physics Letters A, 2008, 372(45): 6727-6732.

[124] Faccin M, Johnson T, Biamonte J, et al. Degree distribution in quantum walks on complex networks[J]. Physical Review X, 2013, 3(4): 041007.

[125] Razzoli L, Paris M G, Bordone P. Transport efficiency of continuous-time quantum walks on graphs[J]. Entropy, 2021, 23(1): 85.

[126] Matrasulov D, Stanley H E. Nonlinear Phenomena in Complex Systems: From Nano to Macro Scale[M]. Berlin: Springer, 2014.

[127] Faccin M, Migdał P, Johnson T H, et al. Community detection in quantum complex networks[J]. Physical Review X, 2014, 4(4): 041012.

[128] Chakraborty S, Novo L, Roland J. Finding a marked node on any graph via continuous-time quantum walks[J]. Physical Review A, 2020, 102(2): 022227.

[129] Osada T, Coutinho B, Omar Y, et al. Continuous-time quantum-walk spatial search on the Bollobás scale-free network[J]. Physical Review A, 2020, 101(2): 022310.

[130] Li X, Chen H W, Ruan Y, et al. Continuous-time quantum walks on strongly regular graphs with loops and its application to spatial search for multiple marked vertices[J]. Quantum Information Processing, 2019, 18(6): 1-20.

[131] Sánchez-Burillo E, Duch J, Gómez-Gardenes J, et al. Quantum navigation and ranking in complex networks[J]. Scientific Reports, 2012, 2(1): 1-8.

[132] Izaac J A, Zhan X, Bian Z H, et al. Centrality measure based on continuous-time quantum walks and experimental realization[J]. Physical Review A, 2017, 95(3): 032318.

[133] Liu H, Xu X H, Lu J A, et al. Optimizing pinning control of complex dynamical networks based on spectral properties of grounded Laplacian matrices[J]. IEEE Transactions on Systems, Man, and Cybernetics: Systems, 2021, 51(2): 786-796.

[134] Chen W, Lakshmanan L V S, Castillo C. Information and Influence Propagation in Social Networks[M]. Berlin: Morgan & Claypool Publishers, 2013: 1-177.

[135] 陈超洋, 周勇, 池明, 等. 基于复杂网络理论的大电网脆弱性研究综述[J]. 控制与决策, 2022, 37(4): 782-798.

[136] 朱军芳, 陈端兵, 周涛, 等. 网络科学中相对重要节点挖掘方法综述[J]. 电子科技大学学报, 2019, 48(4): 595-603.

[137] 任晓龙, 吕琳媛. 网络重要节点排序方法综述[J]. 科学通报, 2014, 59(13): 1175-1197.

[138] Criado R, García E, Pedroche F, et al. A new method for comparing rankings through complex networks: Model and analysis of competitiveness of major European soccer leagues[J]. Chaos: An Interdisciplinary Journal of Nonlinear Science, 2013, 23(4): 043114.

[139] 陈卫. 社交网络影响力传播研究[J]. 大数据, 2015, 1(3): 82-98.

[140] Liang W, Yan F, Iliyasu A M, et al. Three degrees of influence rule-based Grover walk model with applications in identifying significant nodes of complex networks[J]. Human-centric Computing and Information Sciences, 2023, 13:9.

[141] Christakis N A, Fowler J H. Social contagion theory: Examining dynamic social networks and human behavior[J]. Statistics in Medicine, 2013, 32(4): 556-577.

[142] 许小可, 胡海波, 张伦, 等. 社交网络上的计算传播学[M]. 北京: 高等教育出版社, 2015.

[143] 陈晓龙. 社会网络影响力最大化算法及其传播模型研究[D]. 哈尔滨: 哈尔滨工程大学, 2016.

[144] 杨书新, 梁文, 朱凯丽. 基于三级邻居的复杂网络节点影响力度量方法[J]. 电子与信息学报, 2020, 42(5): 1140-1148.

[145] Brin S, Page L. The anatomy of a large-scale hypertextual web search engine[J]. Computer Networks and ISDN Systems, 1998, 30(1): 107-117.

[146] 韩忠明, 陈炎, 李梦琪, 等. 一种有效的基于三角结构的复杂网络节点影响力度量模型[J]. 物理学报, 2016, 65(16): 289-300.

[147] Kitsak M, Gallos L K, Havlin S, et al. Identification of influential spreaders in complex networks[J]. Nature Physics, 2010, 6(11): 888-893.

[148] Rivas A, Huelga S F. Open Quantum Systems: An Intoduction[M]. Berlin: Springer, 2012.

[149] Tang H, Shi R X, He T S, et al. TensorFlow solver for quantum PageRank in large-scale networks[J]. Science Bulletin, 2021, 66(2): 120-126.

[150] Rossi L, Torsello A, Hancock E R. Node centrality for continuous-time quantum walks[C]. Proceedings of the 10th Joint IAPR International Workshops on Statistical Techniques in Pattern Recognition and Structural and Syntactic Pattern Recognition, 2014: 103-112.

[151] Padgett J F, Ansell C K. Robust action and the rise of the medici, 1400-1434[J]. American Journal of Sociology, 1993, 98(6): 1259-1319.

[152] Bai L, Rossi L, Cui L X, et al. Quantum kernels for unattributed graphs using discrete-time quantum walks[J]. Pattern Recognition Letters, 2017, 87: 96-103.

[153] Minello G, Rossi L, Torsello A. Can a quantum walk tell which is which? A study of quantum walk-based graph similarity[J]. Entropy, 2019, 21(3): 328.

[154] Rossi L, Torsello A, Hancock E R. Measuring graph similarity through continuous-time quantum walks and the quantum Jensen-Shannon divergence[J]. Physical Review E, 2015, 91(2): 022815.

[155] Yan F, Liang W, Hirota K. An information propagation model for social networks based on continuous-time quantum walk[J]. Neural Computing and Applications, 2022, 34(16): 13455-13468.

[156] Kempe D, Kleinberg J, Tardos E. Maximizing the spread of influence through a social network[C]. Proceedings of the 9th ACM SIGKDD International Conference on Knowledge Discovery and Data Mining, 2003: 137-146.

[157] Chen W, Wanag Y J, Yang S Y. Efficient influence maximization in social networks[C]. Proceedings of the 15th ACM SIGKDD International Conference on Knowledge Discovery and Data Mining, 2009: 199-208.

[158] Qiu L Q, Gu C M, Zhang S, et al. TSIM: A two-stage selection algorithm for influence maximization in social networks[J]. IEEE Access, 2020, 8: 12084-12095.

[159] Boito P, Grena R. Quantum hub and authority centrality measures for directed networks based on continuous-time quantum walks[J]. Journal of Complex Networks, 2021, 9(6): cnab038.

[160] Wu T, Izaac J, Li Z X, et al. Experimental parity-time symmetric quantum walks for centrality ranking on directed graphs[J]. Physical Review Letters, 2020, 125(24): 240501.

[161] Wang K K, Shi Y H, Xiao L, et al. Experimental realization of continuous-time quantum walks on directed graphs and their application in PageRank[J]. Optica, 2020, 7(11): 1524-1530.

[162] Cui P, Wang X, Pei J, et al. A survey on network embedding[J]. IEEE Transactions on Knowledge and Data Engineering, 2019, 31(5): 833-852.

[163] Yu H Y, Braun P, Yildirim M A, et al. High-quality binary protein interaction map of the yeast interactome network[J]. Science, 2008, 322(5898): 104-110.

[164] Yang D, Xian J J, Pan L M, et al. Effective edge-based approach for promoting the spreading of information[J]. IEEE Access, 2020, 8: 83745-83753.

[165] Cheng X Q, Ren F X, Shen H W, et al. Bridgeness: A local index on edge significance in maintaining global connectivity[J]. Journal of Statistical Mechanics: Theory and Experiment, 2010, 2010(10): P10011.

[166] Li M, Liu R R, Jia C X, et al. Critical effects of overlapping of connectivity and dependence links on percolation of networks[J]. New Journal of Physics, 2013, 15(9): 093013.

[167] Liang W, Yan F, Iliyasu A M, et al. GCQW: A quantum walk model for predicting missing links of complex networks[C]. IEEE 2nd International Conference on Information Communication and Software Engineering, 2022: 1-5.

[168] 吕琳媛, 周涛. 链路预测[M]. 北京: 高等教育出版社, 2013.

[169] Liang W, Yan F, Iliyasu A M, et al. A Hadamard walk model and its application in identification of important edges in complex networks[J]. Computer Communications, 2022, 193: 378-387.

[170] Holme P, Kim B J, Yoon C N, et al. Attack vulnerability of complex networks[J]. Physical Review E, 2002, 65(5): 056109.

[171] Liu Y, Tang M, Zhou T, et al. Improving the accuracy of the k-shell method by removing redundant links: From a perspective of spreading dynamics[J]. Scientific Reports, 2015, 5(1): 13172.

[172] Lü L Y, Chen D B, Ren X L, et al. Vital nodes identification in complex networks[J]. Physics Reports, 2016, 650: 1-63.

[173] Gupta L, Jain R, Vaszkun G. Survey of important issues in UAV communication networks[J]. IEEE Communications Surveys & Tutorials, 2015, 18(2): 1123-1152.

[174] Uddin S, Khan A, Piraveenan M. A set of measures to quantify the dynamicity of longitudinal social networks[J]. Complexity, 2016, 21(6): 309-320.

[175] Newman M E J. A measure of betweenness centrality based on random walks[J]. Social Networks, 2005, 27(1): 39-54.

[176] Moutinho J P, Melo A, Coutinho B, et al. Quantum link prediction in complex networks[J]. arXiv preprint arXiv:2112.04768, 2021.

[177] Zhou T, Lee Y L, Wang G N. Experimental analyses on 2-hop-based and 3-hop-based link prediction algorithms[J]. Physica A: Statistical Mechanics and its Applications, 2021, 564: 125532.

[178] Pech R, Hao D, Lee Y L, et al. Link prediction via linear optimization[J]. Physica A: Statistical Mechanics and its Applications, 2019, 528: 121319.

[179] Kovács I A, Luck K, Spirohn K, et al. Network-based prediction of protein interactions[J]. Nature Communications, 2019, 10(1): 1240.

[180] Liang W, Yan F, Iliyasu A M, et al. A simplified quantum walk model for predicting missing links of complex networks[J]. Entropy, 2022, 24(11): 1547.

[181] Lorrain F, White H C. Structural equivalence of individuals in social networks[J]. The Journal of Mathematical Sociology, 1971, 1(1): 49-80.

[182] Salton G, Mcgill M J. Introduction to Modern Information Retrieval[M]. AuckLand: McGraw-Hill, 1983.

[183] Jaccard P. Étude comparative de la distribution florale dans une portion des Alpes et des Jura[J]. Bulletin de la Société Vaudoise des Sciences Naturelles, 1901, 37: 547-579.

[184] Sorensen T A. A method of establishing groups of equal amplitude in plant sociology based on similarity of species content and its application to analyses of the vegetation on Danish commons[J]. Biologiske Skrifter, 1948, 5: 1-34.

[185] Ravasz E, Somera A L, Mongru D A, et al. Hierarchical organization of modularity in metabolic networks[J]. Science, 2002, 297(5586): 1551-1555.

[186] Zhou T, Lü L Y, Zhang Y C. Predicting missing links via local information[J]. The European Physical Journal B, 2009, 71(4): 623-630.

[187] Xie Y B, Zhou T, Wang B H. Scale-free networks without growth[J]. Physica A: Statistical Mechanics and its Applications, 2008, 387(7): 1683-1688.

[188] Adamic L A, Adar E. Friends and neighbors on the web[J]. Social Networks, 2003, 25(3): 211-230.

[189] Katz L. A new status index derived from sociometric analysis[J]. Psychometrika, 1953, 18(1): 39-43.

[190] Klein D J, Randić M. Resistance distance[J]. Journal of Mathematical Chemistry, 1993, 12(1): 81-95.

[191] Fouss F, Pirotte A, Renders J-M, et al. Random-walk computation of similarities between nodes of a graph with application to collaborative recommendation[J]. IEEE Transactions on Knowledge and Data Engineering, 2007, 19(3): 355-369.

[192] Liu X C, Meng D Q, Zhu X Z, et al. Link prediction based on contribution of neighbors[J]. International Journal of Modern Physics C, 2020, 31(11): 2050158.

[193] Lockhart J, Minello G, Rossi L, et al. Edge centrality via the Holevo quantity[C]. Proceedings of the 11st Joint IAPR International Workshops on Statistical Techniques in Pattern Recognition and Structural and Syntactic Pattern Recognition, 2016: 143-152.

[194] Fortunato S. Community detection in graphs[J]. Physics Reports, 2010, 486(3-5): 75-174.

[195] 李晓佳, 张鹏, 狄增如, 等. 复杂网络中的社团结构[J]. 复杂系统与复杂性科学, 2008(3): 19-42.

[196] Lancichinetti A, Fortunato S. Limits of modularity maximization in community detection[J]. Physical Review E, 2011, 84(6): 066122.

[197] Whang J J, Gleich D F, Dhillon I S. Overlapping community detection using seed set expansion[C]. Proceedings of the 22nd ACM International Conference on Information & Knowledge Management, 2013: 2099-2108.

[198] 李阳阳, 焦李成, 张丹, 等. 量子计算智能[M]. 西安: 西安电子科技大学出版社, 2019.

[199] Li L L, Jiao L C, Zhao J Q, et al. Quantum-behaved discrete multi-objective particle swarm optimization for complex network clustering[J]. Pattern Recognition, 2017, 63: 1-14.

[200] Pizzuti C. GA-Net: A genetic algorithm for community detection in social networks[C]. Proceedings of the 10th International Conference on Parallel Problem Solving from Nature, 2008: 1081-1090.

[201] Rozemberczki B, Davies R, Sarkar R, et al. GEMSEC: Graph embedding with self clustering[C]. Proceedings of the 11st IEEE/ACM International Conference on Advances in Social Networks Analysis and Mining, 2019: 65-72.

[202] Pons P, Latapy M. Computing communities in large networks using random walks[C]. Proceedings of the 20th International Symposium on Computer and Information Sciences, 2005: 284-293.

[203] Blondel V D, Guillaume J L, Lambiotte R, et al. Fast unfolding of communities in large networks[J]. Journal of Statistical Mechanics: Theory and Experiment, 2008, 2008(10): P10008.

[204] Clauset A, Newman M E J, Moore C. Finding community structure in very large networks[J]. Physical Review E, 2004, 70(6): 066111.

[205] Traag V A, Waltman L, van Eck N J. From Louvain to Leiden: Guaranteeing well-connected communities[J]. Scientific Reports, 2019, 9(1): 5233.

[206] Traag V A, Krings G, van Dooren P. Significant scales in community structure[J]. Scientific Reports, 2013, 3(1): 2930.

[207] Kozdoba M, Mannor S. Community detection via measure space embedding[J]. Advances in Neural Information Processing Systems, 2015, 28: 1-9.

[208] Reichardt J, Bornholdt S. Statistical mechanics of community detection[J]. Physical Review E, 2006, 74(1): 016110.

[209] Parés F, Gasulla D G, Vilalta A, et al. Fluid communities: A competitive, scalable and diverse community detection algorithm[C]. Proceedings of the 6th International Conference on Complex Networks and their Applications, 2018: 229-240.

[210] Biemann C. Chinese whispers—an efficient graph clustering algorithm and its application to natural language processing problems[C]. Proceedings of TextGraphs: The First Workshop on Graph Based Methods for Natural Language Processing, 2006: 73-80.

[211] Newman M E J, Leicht E A. Mixture models and exploratory analysis in networks[J]. Proceedings of the National Academy of Sciences, 2007, 104(23): 9564-9569.

[212] Higham D J, Kalna G, Kibble M. Spectral clustering and its use in bioinformatics[J]. Journal of Computational and Applied Mathematics, 2007, 204(1): 25-37.

[213] Rosvall M, Bergstrom C T. Multilevel compression of random walks on networks reveals hierarchical organization in large integrated systems[J]. PLoS One, 2011, 6(4): e18209.

[214] Brassard G. Searching a quantum phone book[J]. Science, 1997, 275(5300): 627-628.

[215] Ma H, Yang H X, Lyu M R, et al. Mining social networks using heat diffusion processes for marketing candidates selection[C]. Proceedings of the 17th ACM Conference on Information and Knowledge Management, 2008: 233-242.

[216] Zhang J W, Philip S Y. Broad Learning Through Fusions[M]. Berlin: Springer, 2019.

[217] 杨书新, 梁文, 朱凯丽. 社交网络中对立影响最大化算法[J]. 计算机应用, 2020, 40(7): 1944-1949.

[218] Liu Z Y, Zhou J. Introduction to Graph Neural Networks[M]. Berlin: Morgan & Claypool Publishers, 2020.

[219] Schuld M, Sinayskiy I, Petruccione F. Quantum walks on graphs representing the firing patterns of a quantum neural network[J]. Physical Review A, 2014, 89(3): 032333.

[220] Zhang Z H, Chen D D, Wang J J, et al. Quantum-based subgraph convolutional neural networks[J]. Pattern Recognition, 2019, 88: 38-49.

[221] Rossi R A, Ahmed N K. Role discovery in networks[J]. IEEE Transactions on Knowledge and Data Engineering, 2014, 27(4): 1112-1131.

[222] Ren P, Aleksić T, Emms D, et al. Quantum walks, Ihara zeta functions and cospectrality in regular graphs[J]. Quantum Information Processing, 2011, 10(3): 405-417.

[223] Bai L, Ren P, Hancock E R. A hypergraph kernel from isomorphism tests[C]. Proceedings of the 22nd International Conference on Pattern Recognition, 2014: 3880-3885.

[224] Ahmed N K, Rossi R, Lee J B, et al. Learning role-based graph embeddings[J]. arXiv preprint arXiv:1802.02896, 2018.

[225] Grover A, Leskovec J. Node2vec: Scalable feature learning for networks[C]. Proceedings of the 22nd ACM SIGKDD International Conference on Knowledge Discovery and Data Mining, 2016: 855-864.

[226] Henderson K, Gallagher B, Li L, et al. It's who you know: Graph mining using recursive structural features[C]. Proceedings of the 17th ACM SIGKDD International Conference on Knowledge Discovery and Data Mining, 2011: 663-671.

[227] Henderson K, Gallagher B, Eliassi-Rad T, et al. Rolx: Structural role extraction & mining in large graphs[C]. Proceedings of the 18th ACM SIGKDD International Conference on Knowledge Discovery and Data Mining, 2012: 1231-1239.

[228] Donnat C, Zitnik M, Leskovec J. Learning structural node embeddings via diffusion wavelets[C]. Proceedings of the 24th ACM SIGKDD International Conference on Knowledge Discovery and Data Mining, 2018: 1320-1329.

[229] Dernbach S, Mohseni-Kabir A, Pal S, et al. Quantum walk neural networks with feature dependent coins[J]. Applied Network Science, 2019, 4(1): 1-16.

[230] Kipf T N, Welling M. Semi-supervised classification with graph convolutional networks[J]. arXiv preprint arXiv:1609.02907, 2016.

[231] Atwood J, Towsley D. Diffusion-convolutional neural networks[J]. Advances in Neural Information Processing Systems, 2016, 29: 1-9.

[232] Veličković P, Cucurull G, Casanova A, et al. Graph attention networks[J]. arXiv preprint arXiv:1710.10903, 2017.

[233] Feragen A, Kasenburg N, Petersen J, et al. Scalable kernels for graphs with continuous attributes[J]. Advances in Neural Information Processing Systems, 2013, 26: 1-9.

[234] Borgwardt K M, Kriegel H P. Shortest-path kernels on graphs[C]. Proceedings of the 5th IEEE International Conference on Data Mining, 2005: 1-8.

[235] Shervashidze N, Vishwanathan S, Petri T, et al. Efficient graphlet kernels for large graph comparison[C]. Proceedings of the 12th International Conference on Artificial Intelligence and Statistics, 2009: 488-495.

[236] Niepert M, Ahmed M, Kutzkov K. Learning convolutional neural networks for graphs[C]. Proceedings of the 33rd International Conference on Machine Learning, 2016: 2014-2023.

[237] Zhang M H, Cui Z C, Neumann M, et al. An end-to-end deep learning architecture for graph classification[C]. Proceedings of the 32nd AAAI Conference on Artificial Intelligence, 2018: 1-8.

[238] Bai L, Rossi L, Zhang Z H, et al. An aligned subtree kernel for weighted graphs[C]. Proceedings of the 32nd International Conference on Machine Learning, 2015: 30-39.

[239] Bai L, Zhang Z H, Ren P, et al. An edge-based matching kernel through discrete-time quantum walks[C]. Proceedings of the 18th International Conference on Image Analysis and Processing, 2015: 27-38.

附　　录

本书涉及的网络数据集可分为无标签和带标签两类，该部分简要介绍书中所涉及数据集的统计学特性和基本信息。

1. 复杂网络数据集

附表 1　复杂网络数据集的统计特征

网络数据集	N	M	$\langle k \rangle$	d_{max}	d	c	ρ
Tribes	16	58	7.250	10	3	0.527	0.049
Kangaroos	17	91	10.706	15	3	0.841	−0.193
Karate	34	78	4.588	17	5	0.256	−0.475
Chesapeake	39	170	8.717	33	3	0.284	−0.375
Dolphins	62	159	5.129	17	8	0.259	−0.475
Brain	91	1989	43.714	248	3	1.304	−0.343
Polbooks	105	441	8.400	25	7	0.488	−0.127
Adjnoun	112	425	7.589	49	5	0.173	−0.129
Football	115	613	10.661	12	4	0.407	0.162
Enron-only	143	623	8.713	42	8	0.453	−0.019
Email-univ	167	3251	38.934	139	5	0.685	−0.295
Jazz	198	2742	27.697	100	6	0.618	0.020
Economic	259	2942	19.560	108	6	0.395	0.018
USAir	332	2126	12.807	139	6	0.749	−0.207
Infect-dublin	410	2765	13.490	50	9	0.455	0.225
Metabolic	453	2025	8.940	237	7	0.647	−0.225
Caltech36	769	16656	43.320	248	6	0.409	−0.065
IceFire	796	2823	81.982	122	9	0.209	−0.115
Email	1133	5451	9.622	71	8	0.220	0.078
Yeast	1870	2277	2.435	56	19	0.055	−0.161

续表

网络数据集	N	M	$\langle k \rangle$	d_{max}	d	c	ρ
Hamsterster	2426	16630	13.710	273	10	0.537	0.047
Facebook	2888	2981	2.064	769	9	0.001	-0.668
Wiki-vote	7115	103689	14.537	1167	10	0.141	-0.083

注：N 为网络节点数量，M 为网络链路数量，$\langle k \rangle$ 为网络平均度，d_{max} 为网络最大度，d 为网络的直径，c 为网络的聚类系数，ρ 为网络的同配性系数。

（1）Tribes 网络：部落间的联盟关系网络。

（2）Kangaroos 网络：袋鼠群的社交关系网。

（3）Karate 网络：空手道俱乐部成员的社交关系网。

（4）Chesapeake 网络：不同生物类群的碳交换网络。

（5）Dolphins 网络：宽吻海豚群的社交网络。

（6）Brain 网络：短尾猴大脑的神经网络。该网络的链路表示连接两个神经元的纤维束。

（7）Polbooks 网络：根据美国政治书籍购买记录生成的网络。该网络收集了2004 年美国大选前夕，同一购买者在亚马逊平台的购书记录。

（8）Adjnoun 网络：小说《大卫·科波菲尔》中形容词和名词共现关系网。

（9）Football 网络：2000 年某学院之间的美式足球比赛关系网。

（10）Enron-only 网络：企业邮件交互网络。

（11）Email-univ 网络：团队内部邮件往来关系对应的网络。

（12）Jazz 网络：爵士乐音乐家的合作网络。

（13）Economic 网络：经济网络。

（14）USAir 网络：美国航空网络。该网络中每个节点代表一个机场，链路对应两机场间存在的航线。原始网络为有权网络，权重代表了机场间的航班频次。

（15）Infect-dublin 网络：爱尔兰画展访客的传播网络。

（16）Metabolic 网络：秀丽隐杆线虫的新陈代谢网络。

（17）Caltech36 网络：自 Facebook 社交平台提取的社交关系网。

（18）IceFire 网络：小说《冰与火之歌》中虚构的社交网络。若小说中两个词汇在 15 个字内共现，则两个词汇作为节点，并且在二者间存在一条链路。

（19）Email 网络：某高校的邮件通信网络。

（20）Yeast 网络：酵母蛋白的相互作用网络。该网络的节点对应蛋白质，链路对应蛋白质间的新陈代谢关系。该网络包含 92 个连通块，其中最大连通集团包含了 2375 个节点，涵盖了整个网络 90.75%的节点。

（21）Hamsterster 网络：来自于 www.hamsterster.com 在线社交平台的朋友关系网络，其中节点代表用户，而链路代表用户间的朋友关系。

（22）Facebook 网络：Facebook 社交网络中用户间的关注关系。

（23）Wiki-vote 网络：在维基百科管理员选举过程中产生的用户投票关系。

上述无标签的网络数据集收录于如下网站。

（1）Network Repository：http://networkrepository.com

（2）斯坦福大学社交网络数据集：https://snap.stanford.edu/data/

（3）KONECT：http://konect.cc/networks/

2. 带标签的网络数据集

附表 2　带标签的网络数据集

数据集	网络数量	分类数	平均节点	平均链路	数据描述
AIDS	2000	2	15.69	16.20	生化小分子
DHFR	756	2	42.43	44.54	生化小分子
ENZYMES	600	6	32.63	62.14	生物信息学数据
MUTAG	188	2	17.93	19.79	生化小分子
NCI1	4110	2	29.87	32.30	生化小分子
PTC_MM	336	2	13.97	14.32	生化小分子

上述带标签的网络数据集的下载地址如下。

TUDataste：https://chrsmrrs.github.io/datasets/docs/datasets/